베이직 컷 프로

BASIC CUT PRO

저자 프로필

이 재 숙
- 광주여자대학교 미용과학과 교수

우 선 제
- 우선제 헤어루시 원장

김 용 순
- 루디아 헤어 디자인 아카데미 원장
- 대전보건대학교 겸임교수
- 前) 광주여자대학교 미용과학과 겸임교수

전 소 리
- 서경대학교 외래교수
- 前) 광주여자대학교 미용과학과 겸임교수

문 소 희
- (주)코아띠 미래뷰티연구소 연구소장
- 한국서비스산업진흥원 산업현장교수
- 前) 광주여자대학교 미용과학과 외래교수

머리말

"헤어디자인"은 단순한 헤어스타일을 뛰어넘어 인간의 삶을 하나의 맥락으로 역사, 사회, 문화, 예술 일반에 나타난 다양성을 표현방식인 트렌드를 통해 시대의 문화정신을 반영한다.

헤어디자인은 이처럼 인류의 생활양식, 행동양식, 사고양식 등에 영향을 받기도 하고 끼치기도 한다. 따라서 헤어 디자이너는 시대가 가지고 있는 변화의 흐름을 읽어내는 통찰력과 그 통찰력을 아름다움으로 승화시킬 수 있는 미학적 감각이 필요하다.

이제 막 미용에 입문한 학생부터 트렌드를 반영한 디자인 커트를 공부하는 취업준비생, 현장의 미용인까지 모든 이들에게 도움 되도록 기초 헤어커트에서 디자인 헤어커트까지 다양한 내용과 스타일 혹은 트렌드를 한눈에 파악하고 영감을 얻을 수 있도록 구성하였으며, 과정의 깊은 이해를 돕기 위해 풍부한 사진자료를 첨부하였다.

제1판에서 미흡했던 부분을 일부 보완하면서 기초 헤어커트에서 디자인 헤어커트까지 다양한 내용과 스타일을 쉽게 파악할 수 있도록 구성하였다.

부족한 시간을 가지고 집필하기에 항상 아쉬운 점이 더 많지만, 이 교재가 나오기까지 마음을 다하여 준비해주신 우선재 선생님, 김용순 교수님, 전소리 교수님, 문소희 교수님께 깊은 감사드리며, 촬영에 도움을 주신 최동하 사장님, 이 교재의 증보판이 나올 수 있도록 배려해 주신 도서출판 구민사 조규백 사장님과 직원 여러분께 진심으로 감사드린다.

2017년 7월 저자일동

Contents

제1장 이론편

BASIC CUT PRO

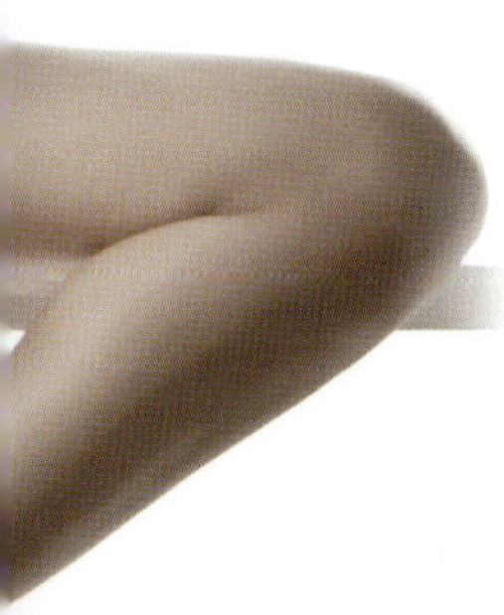

Contents

제2장 실기편

BASIC CUT PRO

제1장 이론편

BASIC CUT PRO

1. 헤어디자인 개념

(1) 헤어디자인이란

헤어디자인이란 가장 아름다운 헤어스타일을 창출하기 위한 디자인적 구성계획이다.
디자인 요소(형태,질감,컬러)와 디자인 원리(법칙)를 적절히 위치하고 배열하여 고객에게 가장 조화롭고 아름다운 헤어스타일을 완성할 수 있다.
따라서 헤어스타일을 디자인하기 위해서는 디자인 요소와 디자인 원리를 잘 이해하고 적용할 수 있어야 한다.
헤어디자인은 미적 요구와 기능적 요구를 동시에 충족시켜주는 예술로서 헤어디자인을 유형예술, 조형예술, 응용예술, 실용예술, 부용예술이라고도 한다.

헤어디자인의 구성은 머리형(형태), 질감, 색상(컬러)의 디자인 요소와, 반복, 교대, 대조, 강조, 진행, 조화, 비조화 등의 디자인 원리가 있다. 다음은 헤어 디자인을 위한 디자인 요소와 디자인 원리이다.

(2) 헤어디자인의 요소

1) 머리형(형태)

외형적인 실루엣이나 윤곽을 나타내는 모양이다.

ⓐ 형(form · 形)
가로, 세로, 높이를 포함하는 물체를 입체적(3차원)으로 표현한 것

ⓑ 형의 특성
㉠ 라인(선) : 직선 또는 곡선의 연속된 점들의 모임→ 2개 이상의 점들이 이어지면서 선이 된다. 1차원
– 직선 : 천체축에 의한 4가지 기본 직선(수평선, 수직선, 우대각선, 좌대각선)
– 곡선 : 컨케이브(Concave), 컨벡스(Convex)
– 역곡선 : 움직임이 반대되는 두 개의 곡선이 연결된 선. 즉, 컨케이브와 컨벡스가 한 형태에서 이루어진 것
**곡선은 경사도나 비율에 의해 속도를 표현할 수 있다. (빠르다, 느리다, 힘차다, 약하다 표현)
㉡ 방향 : 커트 분석 요소 중의 하나로 선의 진로이다.(상,하,좌,우)
㉢ 모양 : 길이와 넓이를 가진 2차원(평면)적 표현. 서로 다른 방향의 선들이 만나서 만들어진 닫힌 공간
**헤어디자인의 모양은 형태선이나 실루엣에 의해 결정

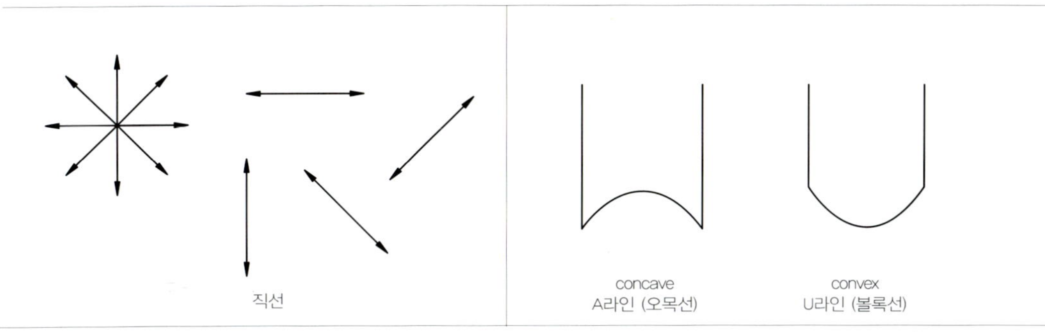

ⓒ 형의 기본요소

㉠ 점 : 위치를 나타내는 기본 단위

㉡ 선 : 점과 점이 연속되어 이루어지는 조형요소

㉢ 면(형) : 선이 모여 만들어낸 평평한 표면(삼각형, 사각형, 원 등)

㉣ 형태 : 면이 겹쳐 3차원 입체(3D)를 나타냄

2) 머릿결(질감)

매끄럽고 거친 정도의 느낌. 촉각과 시각으로 느낄 수 있는 표면의 질을 말한다.

㉠ 매끄러운 머릿결(질감) : 머리끝이 보이지 않는 커트한 머릿결(질감) ex) 주로 원랭스

㉡ 거친 머릿결(질감) : 머리끝이 보이는 커트한 머릿결(질감) ex) 세임 레이어, 아웃 레이어

㉢ 혼합형 : 혼합형의 커트한 머릿결(질감) ex) 그래쥬에이션

3) 색상(컬러)

시각적인 착시효과로 인해 팽창과 수축, 생동감을 나타내는 것으로 방향, 깊이감, 부피감 등에 영향을 미치며 수치화(1~10Lv) 할 수 있다.

(3) 디자인의 원리(헤어 디자인 법칙)

① 반복 : 모든 단위가 동일한 패턴(모든 단위가 동일하게 되풀이 되는 것 ex) 형태, 크기, 모양, 색상, 방향, 질감

② 교대 : 두 개 또는 그 이상의 단위가 반복적으로 나타나는 패턴

③ 대조 : 서로 상반되는 요소들이 인접해 있는 것을 말하며, 상반되는 요소들이 다양한 디자인을 만들어 낸다.

④ 강조 : 사람의 관심을 집중시키는 초점

⑤ 진행 : 점진적으로 차차 커지거나 작아지는 변화의 패턴

⑥ 조화 : 비슷한 단위들의 어울리는 혼합

⑦ 비조화 : 단위들 간의 극적인 대조의 배치

예술적인 원리를 이해할 때 예술을 영감이라 표현한다. 따라서 교육을 받지 않은 상태에서 영감은 불가능하며 베이직 이론과 테크닉의 훈련이 필요하다.

(4) 헤어커트란?

헤어커트란 모발 길이변화의 결과물이다.

상하의 층, 좌우의 베이스의 변화를 포함한 길이변화의 결과물이라 할 수 있다. 사전적 의미로는 모발을 자르거나 모량을 조절하여 헤어스타일을 만드는 미용 기술을 말하며 헤어스타일을 만들기 위한 기초적인 과정으로, 마치 조각가가 조각품을 빚어 예술작품을 만드는 것처럼, 헤어스컬프팅 즉, 머리 조각이라고도 일컫는다. 예술의 한 형태로서 예술적, 과학적 개념을 포함하고 있다.

(5) 디자이너로서의 관찰과 사고

1) 디자인 분석

① 질적분석 : 물질의 성질, 특성 등을 관찰, 분석
② 양적분석 : 디자인의 크기, 비율, 부피 등의 분석

2) 관찰의 3단계

① 기본관찰 : 단순한 시각적 관찰. 즉, 디자인의 전체적인 외형의 윤곽, 실루엣을 관찰하는 단계
ex) 디자인의 윤곽(머리형)을 살피는 것
② 세부(정밀)관찰 : 신체적 특징과 구체적 특징의 비교
ex) 모발의 조건 – 머릿결(질감), 색상(컬러) 등
③ 이상적(추상적)관찰 : 길이 배열(구조) 측정, 연상
ex) 혼합형의 경우 혼합 정도, 비율을 살피는 단계

3) 디자이너로서의 사고

① 디자인을 분석, 관찰하여 사고(思考)하여야 하며, 이때 좌뇌와 우뇌를 사용하여 이해하게 된다.
좌뇌 – 대체적으로 꼼꼼하고 체계적이며 수리에 밝고 분석적이며 실제 스타일을 만들어 내는 기술적인 능력이 뛰어나다.
우뇌 – 예술적, 미적, 시각적, 창조적, 상상력이 뛰어나며 실제 스타일을 구상하는 창의적인 능력이 뛰어나다.
② 디자이너는 고객을 보면서, 고객에게 가장 어울리는 스타일을 구상하고 제안할 수 있는 제안력이 있어야 하고, 제안한 스타일을 실제로 완성해 낼 수 있는 기술력이 있어야 한다.

2. 고객 분석

고객이 왔을 때 가장 먼저 고객의 조건을 파악해야 한다. 고객에게 어울리는 헤어스타일을 해주기 위해서는 반드시 필요한 절차이다.

(1) 커트 시 확인해야 할 사항들

1) 시술 전 확인사항

– 고객의 조건파악

① 길이 – 롱, 세미롱, 미듐, 숏미듐, 쇼트
② 얼굴형, 얼굴 크기
③ 각도(층) – 원랭스, 그래쥬에이션, 하이 레이어, 세임 레이어
④ 형태선 – 수평, 전대각, 후대각
⑤ 이미지 – 프리티, 엘레강스, 큐티, 모던 등
⑥ 신체조건 – 체형, 크기
⑦ 두상의 크기와 형태
⑧ 모량확인
⑨ 모질확인 – 손상도(건강모,일반모, 손상모), 곱슬정도(직모,곱슬,반곱슬), 모발의 굵기
⑩ 모류확인
⑪ 헤어스타일과 관련된 버릇

2) 시술 중 확인

① 좌우 균형(밸런스)
② 단차의 형태(원랭스, 그래쥬에이션, 하이 레이어, 세임 레이어)
③ 단차의 흐름(수평, 전대각, 후대각)

3) 시술 후 확인 – 이미지 및 질감처리

① 이미지 확인
② 질감처리

(2) 고객 특성 분석

1) 헤어길이

헤어길이는 키와 관련이 있으며, 롱 머리는 키를 부각시킨다.
고객에게 어울리는 모발의 길이는 비율에 따라 다르게 적용되나 롱 머리의 경우 대부분 가슴선의 길이가 무난하다.

2) 형태선

어떤 선을 사용하느냐에 따라 부각되고 강조가 될 수 있다. 수평(평행선)의 경우 일단 퍼져 보이는 시각적 효과를 가져오게 된다.
예를 들어 어깨가 넓은데 언더라인(형태선)을 평행(일자)으로 설정했다면 더 넓어 보일 수 있다.
서양인들은 키가 크고 이목구비가 뚜렷하기 때문에 질감 위주보다는 선 위주, 즉 밸런스가 깨져 보이는 어시메트릭 혹은 곡선, 직선, 사선 같은, 선을 강조하고 부각시키는 트렌드를 많이 발표하게 된다.

① **실선(블런트컷) :** 직선적인 명확한 선으로 선이 끝나는 곳의 신체부위를 강조한다.
② **점선 :** Deep Point, 틴닝
③ **점 : 스트록, 슬라이싱**

3) 하관의 모양

귓볼에서 턱선의 모양이며 한국인은 각진 얼굴이 많으므로 질감을 많이 넣으면 어울리지 않는다.

4) 어깨 모양

3. 헤어 도해도(구조그래픽)

두개골의 곡면에 따른 모발의 길이배열을 구조적으로 그래픽화 시킨 것.

세로는 세로간의 길이 배열을 가로는 형태선의 흐름, 즉 어느 정도의 컨케이브인지, 컨벡스인지를 표현한 것으로, 디자인은 형태와 형태의 조화이다. 어떤 디자인을 만들 때 우뇌가 작용하여 디자인을 구상하고 결과를 목표로 절차를 세운다.

(1) 두상 포인트

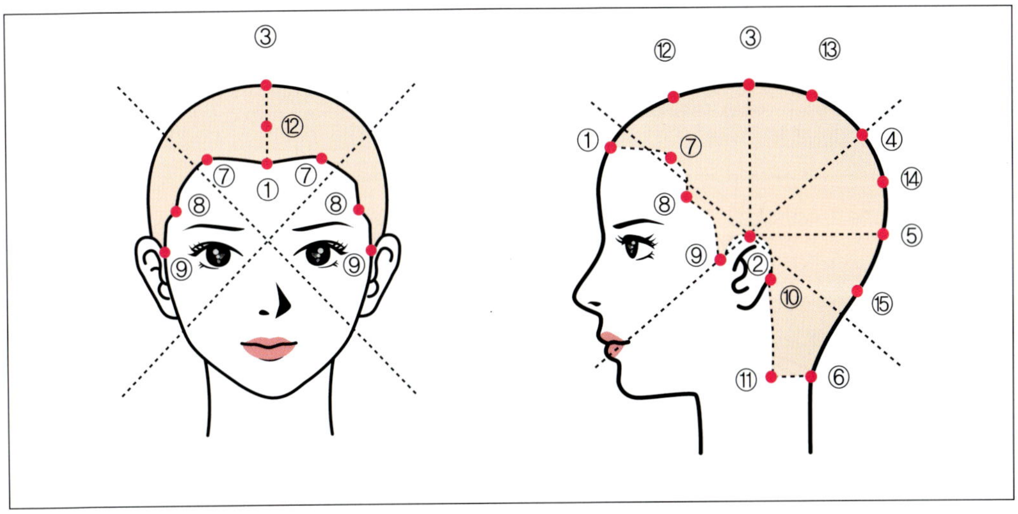

번호	포인트 위치	설 명
①	C.P	Center Piont (센터 포인트)
②	E.P	Ear Point (이어 포인트–좌우)
③	T.P	Top Point (탑 포인트)
④	G.P	Golden Point (골든 포인트)
⑤	B.P	Back Point (백 포인트)
⑥	N.P	Nape Point (네이프 포인트)
⑦	F.S.P	Front Side Point (프런트 사이드 포인트–좌우)
⑧	S.P	Side Point (사이드 포인트–좌우)
⑨	S.C.P	Side Corner Point (사이드 코너 포인트–좌우)
⑩	E.B.P	Ear Back Point (이어 백 포인트–좌우)
⑪	N.S.C.P	Nape Side Coner Point (네이프 사이드 코너 포인트–좌우)
⑫	C.T.M.P	Center Top Medium Point (센터 탑 미디움 포인트)
⑬	T.G.M.P	Top Golden Medium Point (탑 골든 미디움 포인트)
⑭	G.B.M.P	Golden Back Medium Point (골든 백 미디움 포인트)
⑮	B.N.M.P	Back Nape Medium Point (백 네이프 미디움 포인트)

(2) 라인(Line)

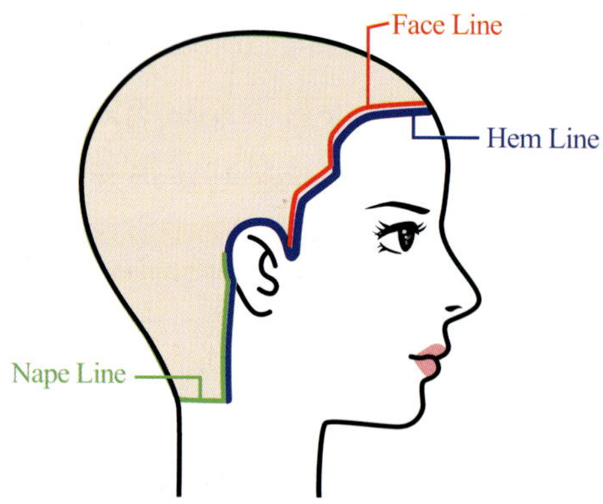

① 페이스라인(Face Line) : 얼굴 주변의 모발이 나기 시작한 부위

② 햄라인(Hem Line) : 두상에서 모발이 나기 시작하는 전체 부위

③ 네이프라인(Nape Line) : E.B.P에서 N.P에 이르기까지

(3) 파트(Part)

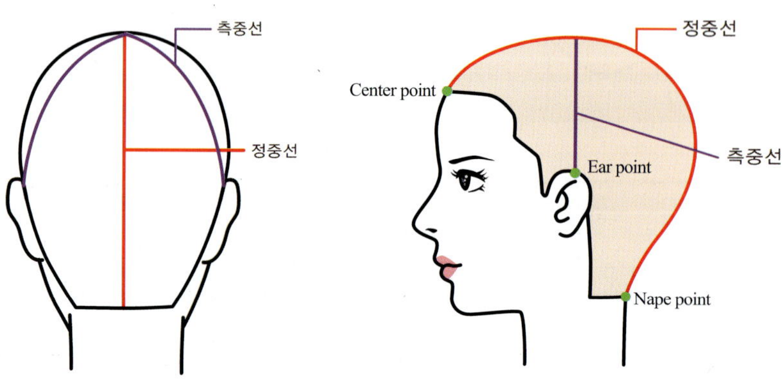

① 센터 파트(Center Part) : 정중선이라고도 하며 C.P에서 N.P에 이르기까지의 선

② 이어 투 이어 파트(Ear to Ear Part) : 측중선이라고도 하며 E.P에서 T.P를 지나 반대편 E.P까지 이르는 선

(4) 각도(Angle)

1) 일반각도(두상각도)

모발을 두상의 곡면에서 90°로 들어올린 상태로서 디자인의 길이 배열을 분석할 수 있다.

2) 자연각도

중력에 의해 모발이 자연스럽게 늘어뜨려지는 상태(원랭스/그래쥬에이션)

① 중력 방향

② 모류의 성장 패턴 : 가마부분

③ 손님의 평소 손질 스타일

④ 자연각도 적용 : 원랭스, 그래쥬에이션, 하이레이어

일반각도 두상에 의한 각도	**자연각도** 중력에 의한 각도(천체축을 중심으로)
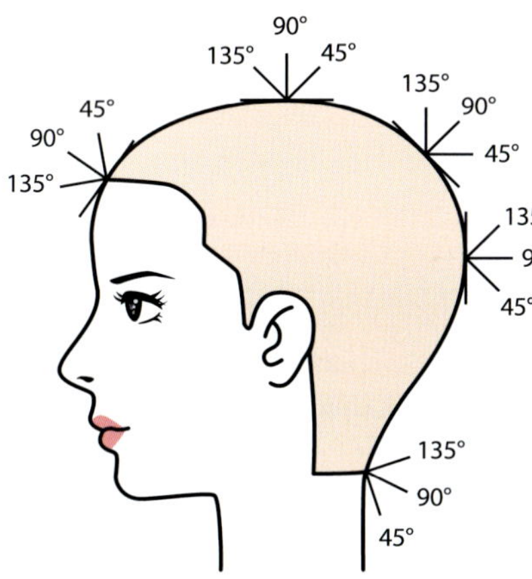	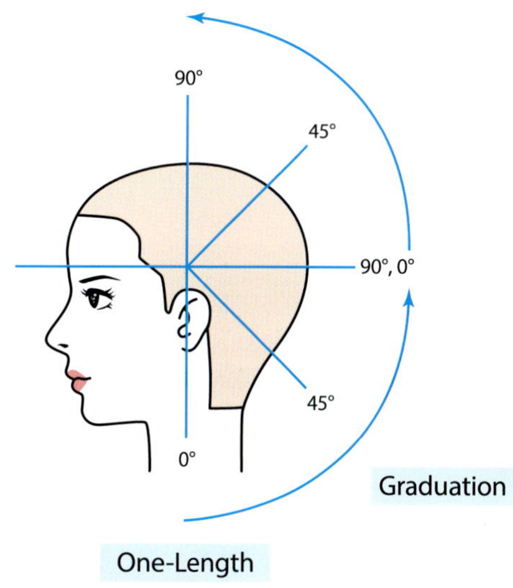

(5) 두부(Zone)의 명칭과 역할

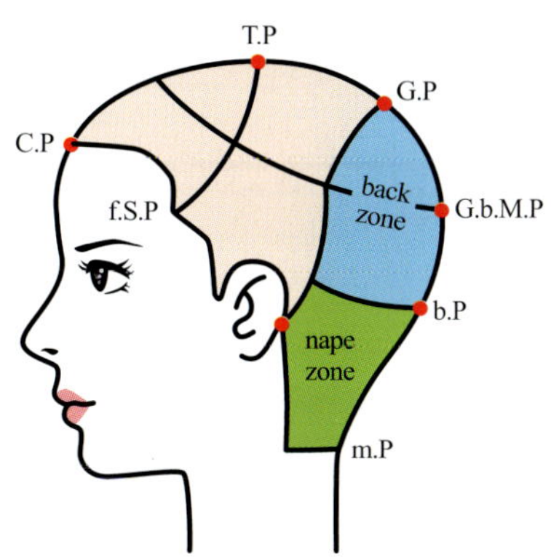

- 프린지(Fringe) : T.P~F.S.P 사이의 영역. 앞머리(bang), 인상, 이미지
- 사이드(Side) : F.S.P~E.B.P 사이의 영역. 측면 실루엣, 흐름 컨트롤, 방향(A라인/U라인)
- 크라운(Crown) : C.T.M.P~G.B.N.P 사이의 영역. 볼륨, 입체감
- 백(Back) : G.P~B.P 사이의 영역. 무게감(Weight), 흐름 컨트롤
- 네이프(Nape) : 모발의 길이 결정, 가이드 결정

4. 커트의 요소

헤어 커트는 다양한 길이와 각도에 따라 실루엣이 달라지고, 마지막 질감처리에 따라 이미지가 결정된다. 결국 커트는 이미지의 표현이라 할 수 있다.

(1) 길이

헤어 커트는 모발의 길이 변화에 따라 실루엣과 이미지가 달라지므로, 고객이 희망하는 길이를 수치화하여 확인하면서 시술해야 한다.

① Long : 20cm 이상
② Semi-long : 15~20cm
③ Medium : 8~15cm
④ Short : Side에서 귀가 드러난 경우

(2) 형태선

모발은 한가닥으로부터 수많은 가닥이 합쳐져 선, 면, 형태, 입체가 되고 스타일을 이루어 다양한 이미지를 만들어 낸다. 점들이 모인 선은 디자인 선을 결정하며, 페이스 라인 특히 프린지 모발과 사이드 모발의 방향성에 따라 얼굴의 이미지는 다양하게 변화한다. 또한 모발을 하나의 선으로 볼 때 모발의 흐름은 곧 선의 흐름과 같아 선이 갖는 이미지가 헤어디자인에 적용된다. 따라서 이러한 선의 특징과 이미지를 알고 적용하면 얼굴형이나 원하는 이미지에 맞는 모발의 방향과 선을 찾아 다양한 헤어스타일을 연출할 수 있다.

1) 선의 종류

커트에서 가장 대표적으로 쓰이는 선은 3가지 종류가 있다.

① Parallel (수평/평행라인)
직선형의 스타일을 만들고자 할 때 이용된다. 강하고 분명한 이미지이다.

② Concave (A라인/스파니엘/전대각)
백 센터(Back Center)에서 얼굴 방향으로 길어지는 스타일을 만들고자 할 때 이용한다.

③ Convex (U라인/이사도라/후대각)
얼굴에서 백(Back)으로 길어지는 스타일을 만들고자 할 때 이용한다.

2) 형태선의 종류

① 앞머리 형태선

ⓐ Concave (A라인/스파니엘/전대각)

– 짧은 둥근형 : 앞머리가 짧은 둥근형태선은 어리면서도 귀여운 이미지를 준다.

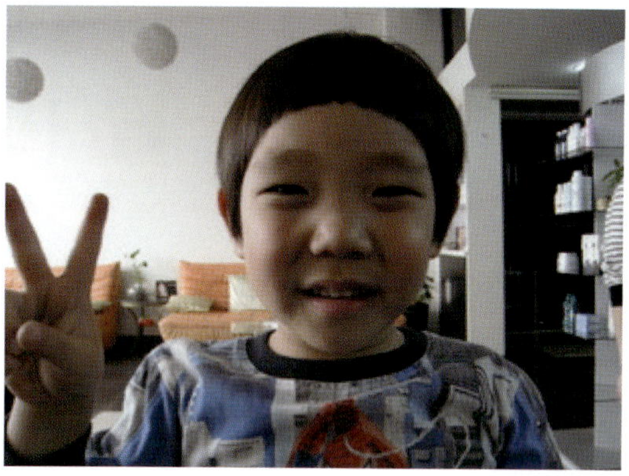

– 긴 둥근형 : 긴 둥근 형태선의 앞머리 경우 얼굴의 각진 부분을 부드럽게 커버해 사각형 얼굴이나 각진 얼굴형에 잘 어울린다. 또 보다 여성스럽고 부드러운 이미지를 주며 얼굴이 작아 보이는 효과가 있으나 나이가 들어 보이는 단점이 있다.

ⓑ **Parallel (수평/평행라인)**

– **짧은 일자라인** : 얼굴 형태를 강조하므로 각진 얼굴형이나 넓은 얼굴에는 어울리지 않는다.

– **긴 일자라인** : 신비하면서도 눈라인을 뚜렷하게 보이게 해주며 긴 얼굴형을 보완해준다.

– **짧은 옆 가르마 라인** : 단아하면서도 활동적인 여성상을 보여준다.

– **긴 옆 가르마 라인** : 가장 우아하고 여성스러운 이미지를 연출한다.

– **사선라인** : 도시적이면서도 매니쉬한 분위기를 연출한다.

– **백라인** : 계란형얼굴에 가장 잘 어울리며 단정하면서도 여신 같은 포스를 풍긴다.

– **불규칙라인** : 자연스러우면서 보다 어려보이고 활발한 이미지를 연출한다.

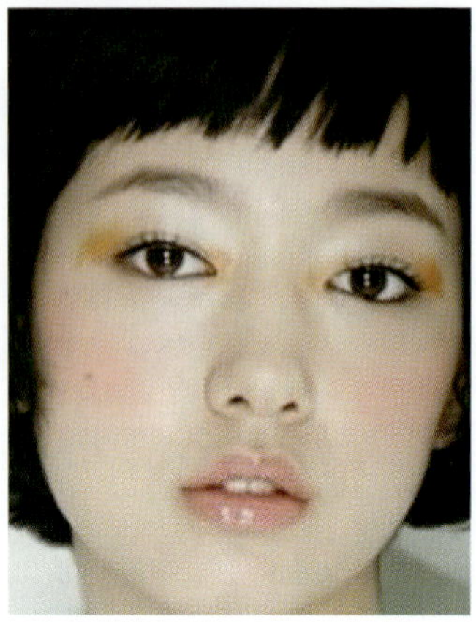

– **앞머리가 없는 라인** : 성숙한 이미지를 연출한다.

② 옆머리 스타일

ⓐ Parallel (수평/평행라인)

20대 후반 여성들이 가장 선호하는 스타일로 깔끔하면서 단정하고 단차가 거의 없는 스타일에서 많이 볼 수 있다.

ⓑ Concave (A라인/스파니엘/전대각)

보브 단발에서 많이 볼 수 있는 라인으로 도시적이면서 지적인 이미지가 있으며 둥근 얼굴형을 샤프하게 커버할 수 있다.

ⓒ Convex (U라인/이사도라/후대각)

귀여우면서도 사랑스러운 형태를 가진 라인이며 턱선이 갸름한 얼굴스타일에 어울린다.

ⓓ 전대각/후대각 복합라인

짧은 컷에서 많이 볼 수 있는 라인으로 40대 이상의 여성들이 선호하며 세련된 이미지를 주고 얼굴형을 샤프하게 보완해주는 장점이 있다.

③ 뒷머리 스타일

ⓐ Parallel (수평/평행라인)

뒤쪽에서의 수평라인은 깔끔하면서도 여성적인 면을 보여준다.

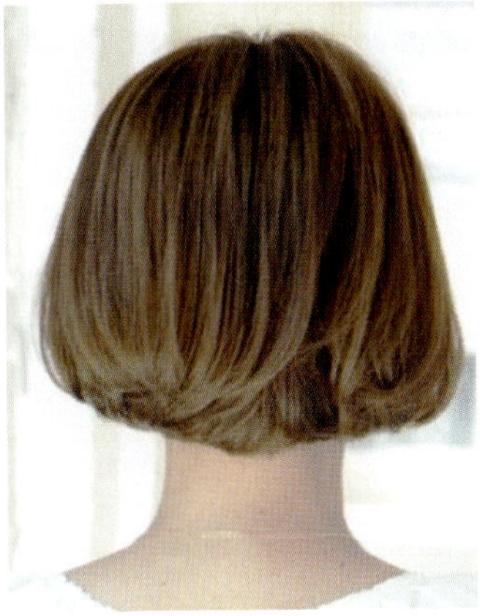

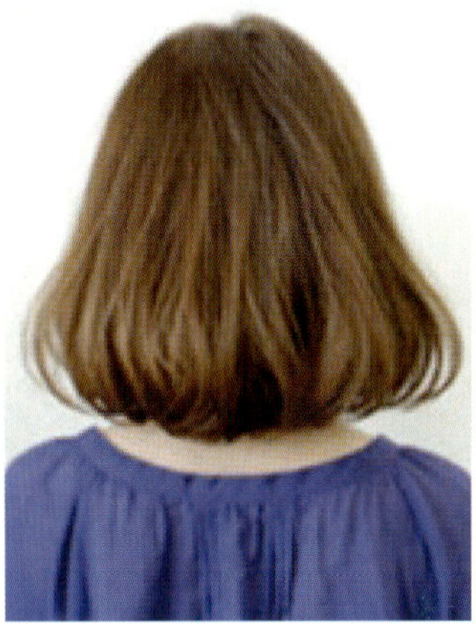

ⓑ Concave (A라인/스파니엘/전대각)

보브단발에서 많이 볼 수 있는 라인으로 도시적이면서 지적으로 보이며 둥근 얼굴형을 샤프하게 커버할 수 있다.

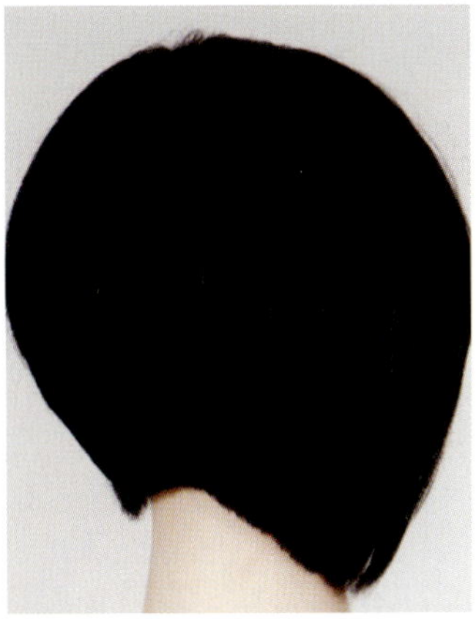
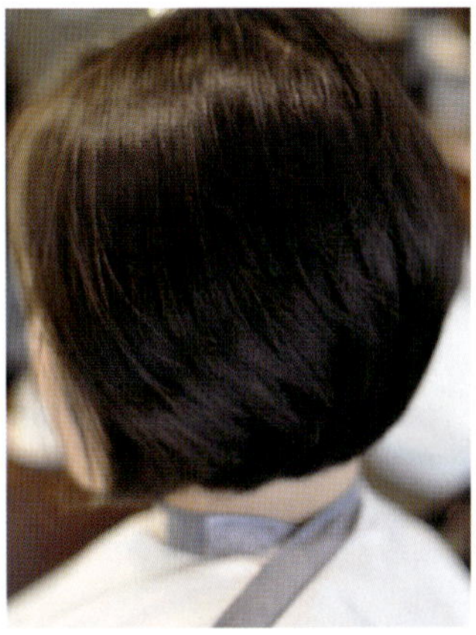

ⓒ Convex (U라인/이사도라/후대각)

평행라인에서 변화를 주고 싶을때 선호하는 형태로 귀여운 이미지를 연출한다.

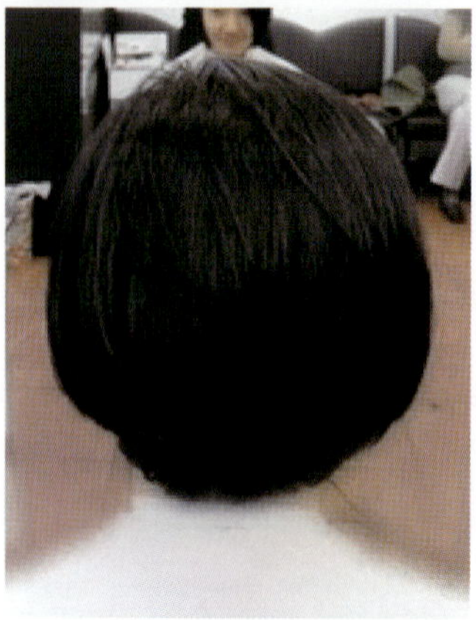

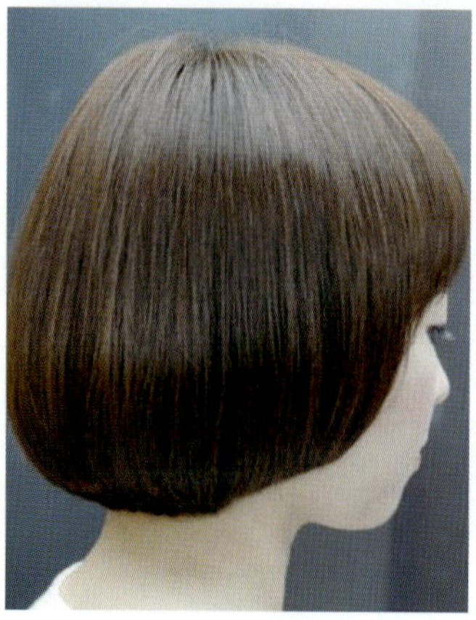

(3) 섹션/파팅(Section/Parting)

섹션에는 Horizontal(가로)섹션, Bertical(세로)섹션, Diagonal(사선)섹션, Radial(방사선)섹션이 있다.
커트를 좀 더 쉽고 편리하게 하기 위해 작게 나누는 방법으로 아웃라인의 형태 흐름에 따라 적절한 섹션을 선택한다.

1) Horizontal section(가로 섹션)

ⓐ 장점

좌우밸런스 맞추기가 쉬우며, 무거운 커트선을 만들기 쉽다.

ⓑ 단점

층의 자국이 남기 쉬우며, 가벼운 커트선을 만들기 어렵다.

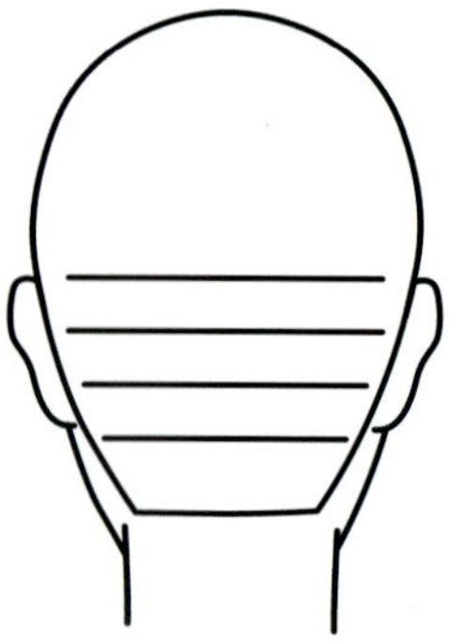

2) Vertical section(세로 섹션)

ⓐ 장점

가벼운 단차를 내기 쉬우며, 세로로 상 · 하층의 작업에 용이하다. 또 세로로 섹션을 잡아 손의 기울기에 따라 스퀘어, 그래쥬에이션, 아웃 레이어 등의 라인을 결정해 준다.

ⓑ 단점

베이스에 대한 좌우 밸런스 맞추기가 어렵다. 베이스를 잡을 때 자세나 빗질, 각도가 틀어지게 되면 좌우 길이가 맞지 않는다.

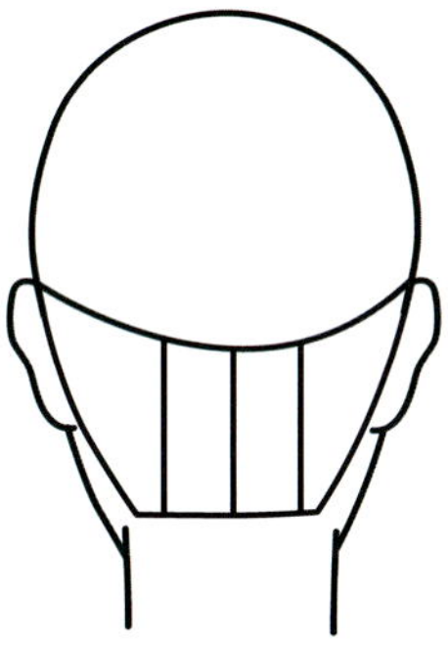

3) Diagonal section(사선 섹션)

그래쥬에이션 스타일에 주로 사용되며 부드러운 볼륨감을 표현한다. 미듐이나 숏에 많이 사용하며 버티컬에 가까운 기울기일수록 가볍고 볼륨감있는 스타일을 만들고, 호리존탈에 가까운 기울기일수록 무겁고 볼륨감있는 스타일이 만들어진다.

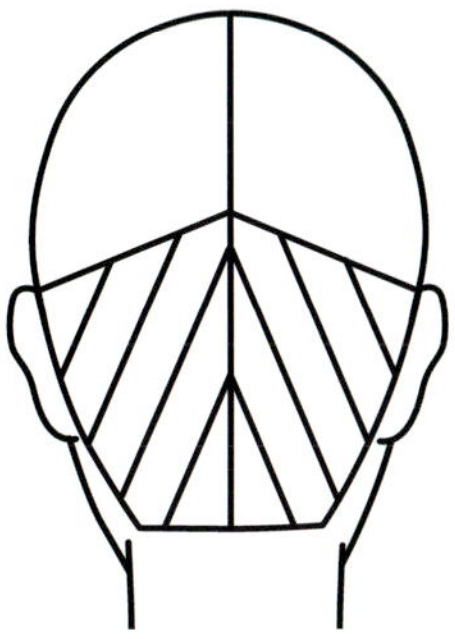

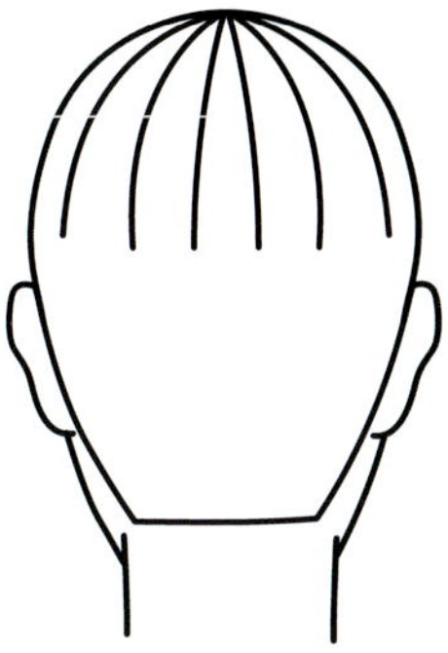

4) Radial section(방사선 섹션)

피봇섹션이라고도 하며, 탑을 중심으로 두상의 곡면을 따라 나눈 섹션.

(4) 베이스(base)

커트할 때 기준이 되는 가이드 라인. 좌우의 형태를 만들며, 베이스는 '기초' , '토대'라는 뜻으로 파팅과 파팅 사이의 모다발을 의미한다. 베이스에는 On the base, Side base, Free base, Off the base, Twist base, Up base, Down base가 있다.

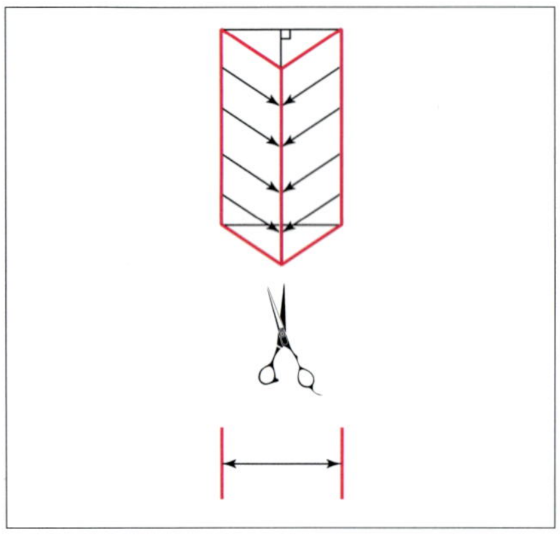

① 온 더 베이스(On the base)

폭의 중앙에 접점이 형성되는 것이며 좌우 길이를 동일하게 같은 길이로 커트할 때 사용한다.

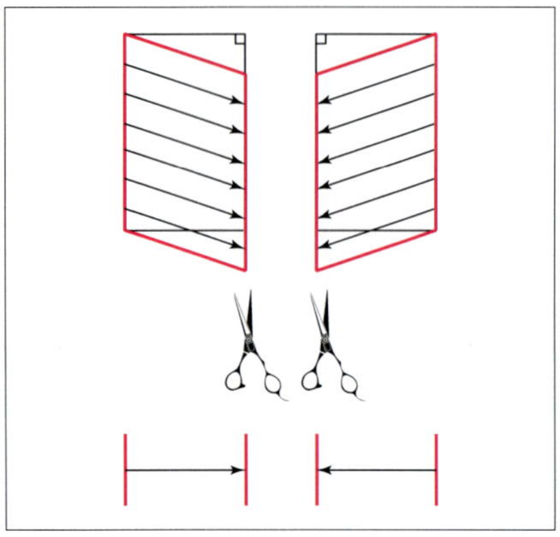

② 사이드 베이스(Side base)

베이스의 한쪽면으로 접점이 형성되는 것이며 한 쪽 길이를 길어지게 만들 때 사용한다.

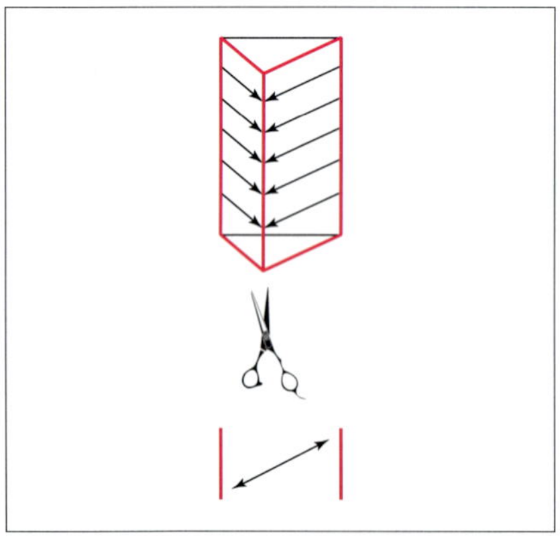

③ 프리베이스(Free base)

온 더 베이스와 사이드 베이스 사이에 있는 베이스이며, 미세한 길이 증가 또는 감소시킬 때 사용한다.

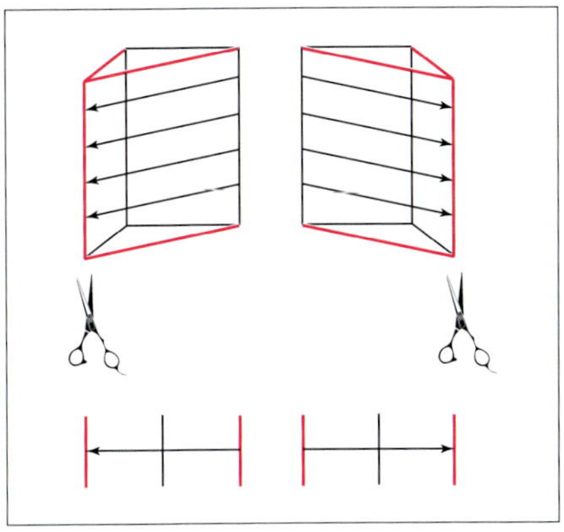

④ 오프 더 베이스(Off the base)

베이스에서 벗어난 상태로서 길이의 기준에 따라 많이 증가 또는 감소시킬 때 사용한다.

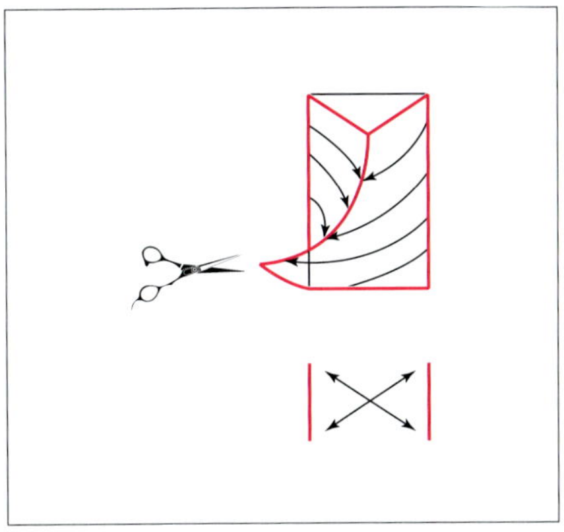

⑤ 트위스트베이스(Twist base)

베이스를 잡고 비튼것으로 차이가 많은 서로 다른 길이를 연결할 때 사용한다.

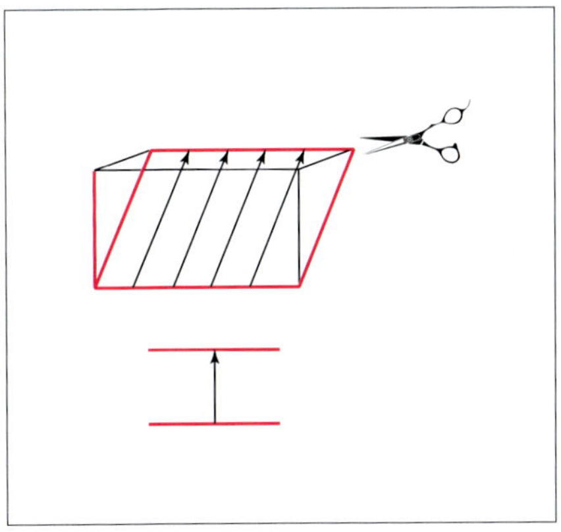

⑥ 업 베이스(Up base)

수평 파팅이나 사선 파팅에서 위로 들어 아래 길이를 증가시킬 때 사용한다.

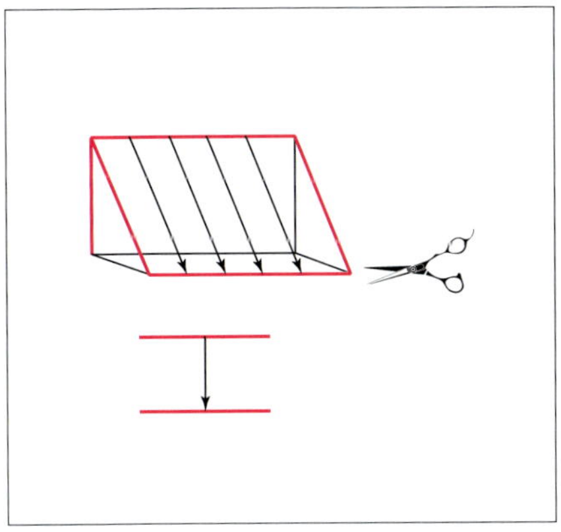

⑦ 다운 베이스(Dawn base)

수평 파팅이나 사선 파팅에서 아래로 내려 윗 길이를 증가시킬 때 사용한다.

(5) 각도 (Angle)

각도는 상하의 층 즉 단차를 표현하며, 각도에 의해 원랭스, 그래쥬에이션, 세임 레이어, 하이 레이어로 나뉜다. 즉 0°로서 원랭스의 무게감, 1~89°로서 그래쥬에이션의 볼륨감, 90°의 세임 레이어와 90°이상의 하이 레이어로 가벼움을 표현한다. 이러한 각도를 확실히 이해했을 때 다양한 혼합형 스타일의 조합이 가능하다.

① 자연 각도(천체축 기준) : One length, Graduation

② 일반 각도(두상기준) : Layer(Same Layer, High Layer)

(6) 이미지 확인

스타일은 곧 이미지의 표현이다. 이미지에 따른 적절한 질감으로 커트를 마무리 한다. 이미지는 크게 나누어 모던(modern), 엘레강스(elegance), 소피스티케이티드(sophisticated), 로맨틱(romantic), 프리티(pretty), 큐티(cute) 등이 있으며 그 이미지와 느낌을 잘 이해하고 이에 따른 적절한 질감을 시행한다.

(7) 질감

다양한 질감처리는 헤어커트의 필수과정이다.

같은 디자인의 스타일이라도 마지막 질감 처리를 어떻게 하느냐에 따라 전혀 다른 이미지의 스타일로 완성되며, 또한 질감기법을 어떻게 하느냐에 따라 손질이 용이하고 마무리가 편리한 스타일로 완성된다.

따라서 고객이미지에 맞고 편리한 손질을 할 수 있도록 다양하고 섬세한 질감기법들을 배우고 연습해야 한다.

Tip : 길이와 형태선, 각도와 베이스, 섹션 등을 이용하여 전체적인 형태를 만들고 다음에 이루어지는 시술, 즉, 펌, 드라이, 스타일링 등의 의도에 따라 질감으로 느낌을 보조한다.

- 이미지에 따라 질감의 정도를 조절한다. (1~10)
- 형태에 따라 질감의 종류를 결정한다.
- 임펙트(Impact), 슬라이싱(slicing), 포인팅(Pointing) 등

5. 커트의 4가지 기본형

헤어커트의 기본형은 4가지의 형으로 구분한다. 이러한 형태는 한 가지 형만으로 디자인되기도 하고 혼합 또는 조합하여 다양한 디자인을 만들기도 한다. 다양한 모발의 길이와 각각의 모양은 독특한 질감, 구조의 변화를 가지고 있다.

원랭스(솔리드), 그래쥬에이션, 세임레이어, 하이(인크리스)레이어가 커트의 4가지 기본형에 해당된다.

(1) 원랭스(One length / Solid)

모발을 중력 방향으로 빗질하여 단차 없이 동일한 하나의 선과 형태이다. 네이프에서 탑으로 갈수록 모발의 길이가 점점 길어진다. 층이 전혀 없는 스타일로 매끄러운 질감이 형성되며 단정한 이미지, 무거운 이미지, 차가운 이미지이다.

※ 주의할점

1. No tention(노 텐션) – 힘주어 당기지 말 것
2. No Elevation(노 엘리베이션) – 들지 말 것
3. No over direction(노 오버 디렉션) – 양쪽으로 당기지 말 것

(2) 그래쥬에이션(Graduation)

층을 내어 단차를 주는 것으로, 볼륨감과 무게감을 형성한다. 그래쥬에이션에서는 각도의 원리, 빗질 방향, 모발의 오버랩을 이해한다. 거친 질감과 매끄러운 질감을 함께 표현하는 양 사이드의 볼륨을 얻는 부드러운 이미지가 보여진다.

● 단차의 기울기에 따른 Graduation의 분류

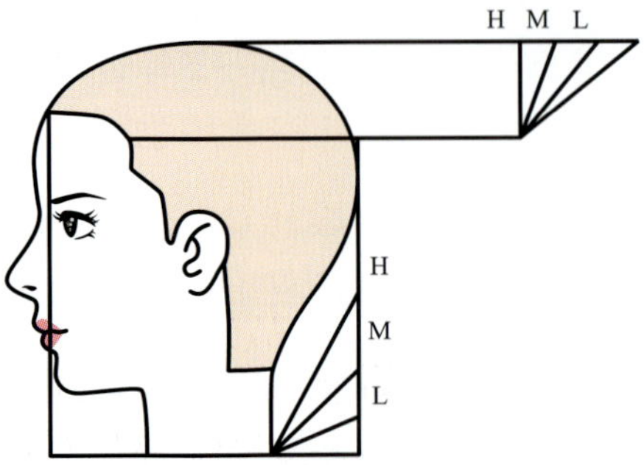

*** Low**

- 1°~30°의 기울기
- 무게감을 표현한다 ex) 버섯머리

*** Midium**

- 31°~60°의 기울기
- 낮은 볼륨감 표현

*** High**

- 61°~89°의 기울기
- 볼륨의 극대화

● 두상형태에 따른 단차의 표현

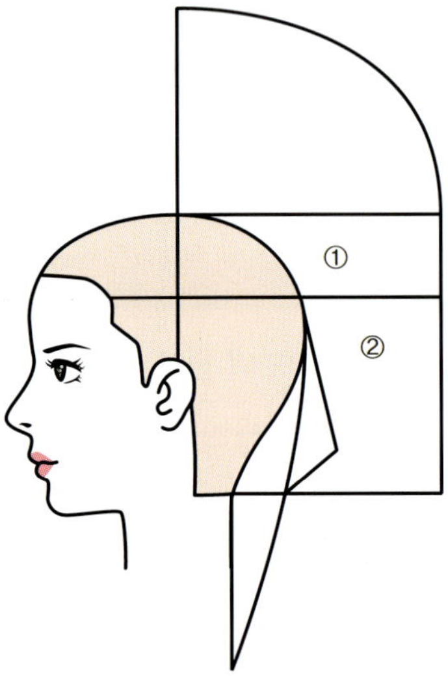

① 하이그라쥬에이션 단차표현

② 레이어 단차이기에 가볍다

- 스퀘어 라인으로 전체 축 90° 각도로 커트하였을 때 두상의 형태에 모발이 자라나는 위치에 따라 떨어지는 단차가 다르게 표현된다.

● 층의 흐름에 따른 분류

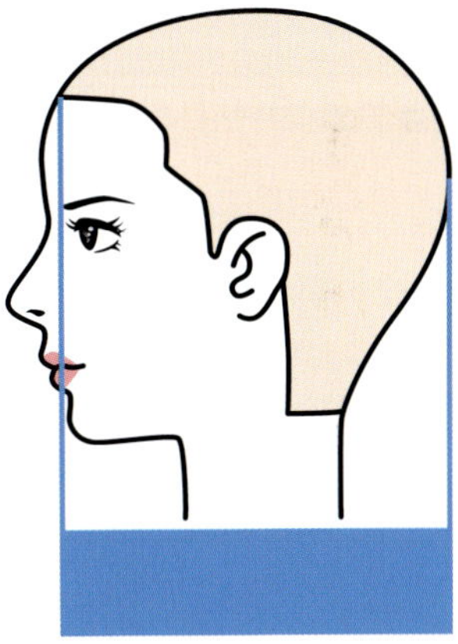

▶ **parallel Graduation**(평행)

- 층의 폭이 동일하며,
  전체적으로 동일한 무게감, 볼륨감을 표현

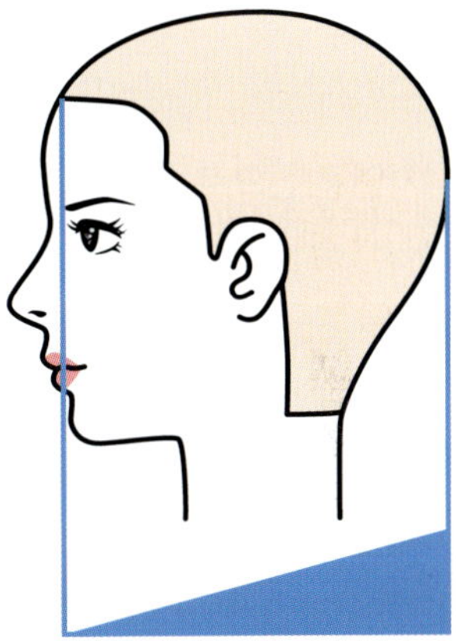

▶ **Increasing Graduation**(증가)

- 앞쪽에서 뒤쪽으로 갈수록 층의 폭이 점점 증가하는 전대각 층의 흐름
- 백(Back)의 볼륨을 강조하고 싶을 때 표현

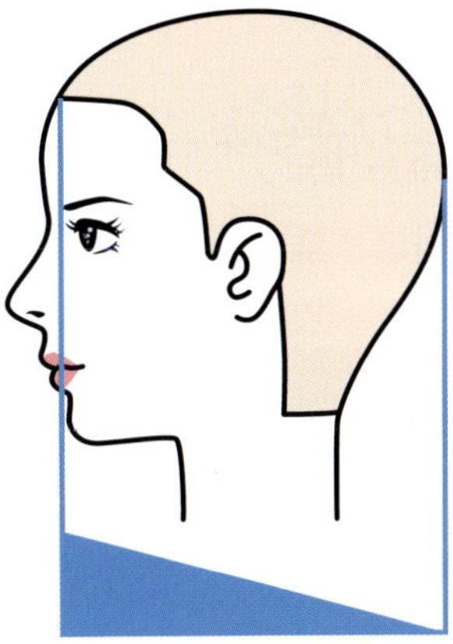

▶ **Decreasing Graduation**(감소)

- 앞쪽에서 뒤쪽으로 갈수록 층의 폭이 점점 감소하는 후대각 층의 흐름
- 백(Back)의 무게감을 강조하고 싶을 때 표현

- **컷트의 방법**(디자인 라인, 각도)**에 따른 Graduation분류**

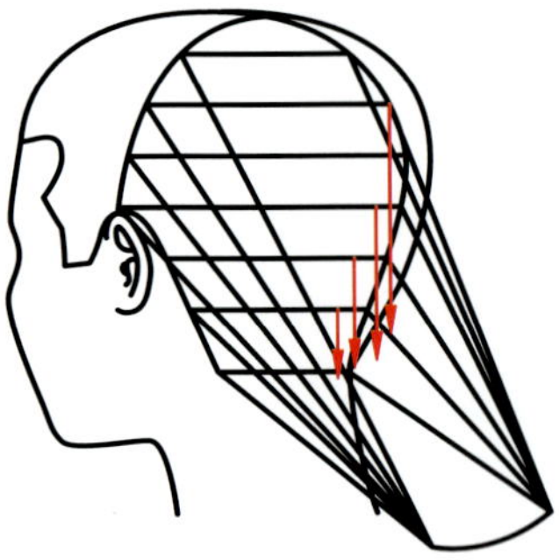

*** 고정 디자인 라인(Stationaly)**

- 처음 설정한 고정디자인 라인에 나머지 섹션과 모발을 끌어다 커트하는 방법

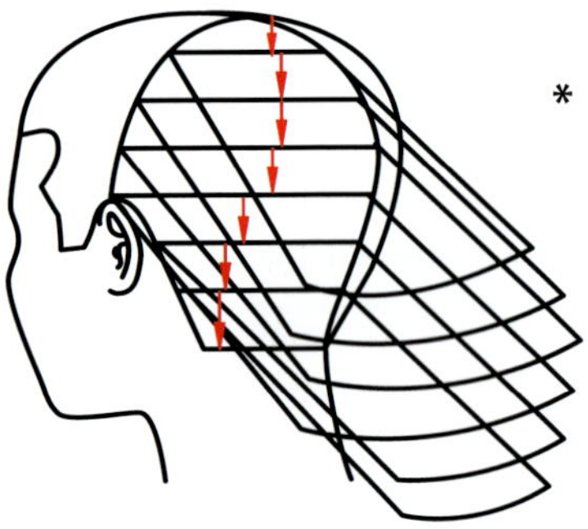

*** 이동 디자인 라인(Mobile)**

- 섹션이 위로 갈수록 차단의 폭이 형성된다.
- 각 섹션에서 각도를 설정하여 진행되는 이동 디자인 라인으로 섹션이 위로 갈수록 단차의 폭이 많이 형성된다.

* 같은 각도에서의 무게감 차이를 느낄 수 있다.

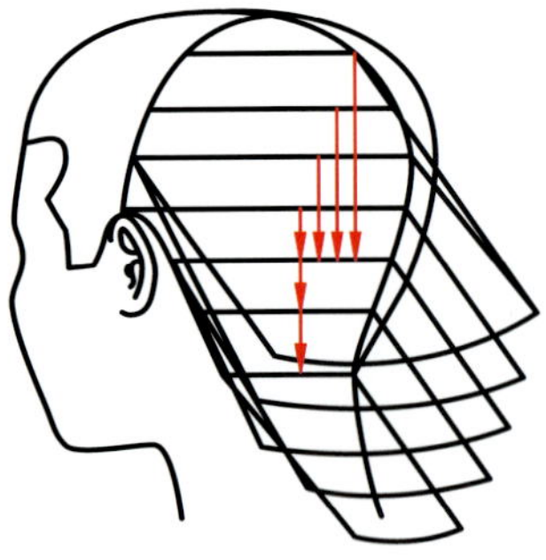

*** 혼합 디장인 라인(Multi)**

- 고정 디자인 라인과 이동 디자인 라인을 혼합하여 커트
- 무게감과 볼륨을 표현하고자 하는 부위에 혼합하여 커트

(3) 세임 레이어(Same Layer / Uniform Layer)

일반 각도(두상각도) 90°의 커트 두상 곡면으로부터의 모발 길이를 모두 같게 자르는 것으로 거친 질감을 표현하며 무게감을 나타내지 않는 액티브한 이미지가 보여진다.

(4) 하이(인크리스)레이어(High Layer / Increase Layer)

일반각도 90° 이상의 층이 많은 스타일로서, 윗머리가 짧고 아랫머리가 길어지는 형태이다.
단차가 많이 생기는 머리형으로 거친 질감을 표현하며 움직임의 표현이 많은 자유로운 이미지가 보여진다.

잘린 단면이 거칠어 보이는 액티베이트한 질감이다.
길이의 변화 없이 단차만으로 이미지 변화를 줄 수 있다.
가벼운 느낌과 큰 단차를 보여준다.
볼륨이 없이 층을 많이 주어 가벼움을 표현할 때 사용한다.

※ 길이를 설정하는 중요 요소

3 Form	3 Line	3 Section
One length	Parallel(평행)	Horizontal section (가로 섹션)
Graduation	Concave(전대각)	Vertical section (세로 섹션)
Layer	Convex(후대각)	Diagonal section (사선 섹션)

6. 커트의 순서

(1) 블로킹(blocking/ Sectionning)

커트하기 좋게 섹션을 계획하고 두상을 크게 나누는 것을 말하며 다음의 경우를 고려하여 계획하게 된다.

① 커트하기 쉽게
② 형태가 달라질 때
③ 형태선이 달라질 때
④ 빗질, 파팅이 달라질 때

(2) 고개 위치(head position)

커트 시 고객 목의 위치. 분배, 즉 빗질 방향에 영향을 줌. 똑바로, 옆으로, 앞으로 숙인 자세

① 똑바로 : one length
② 옆으로 : ear line
③ 앞으로 : nape

(3) 섹션/파팅(Section/Parting)

블로킹 내의 모발을 소구분하는 것.

1) 섹션이란

① 블로킹을 더 작은 부분으로 나누는 것
② 대부분의 섹션 유형은 의도한 디자인선과 평행을 이룸
③ 섹션이 나눠질 방향으로 선(先) 빗질 후 섹션

2) 섹션의 종류

① 수평 섹션

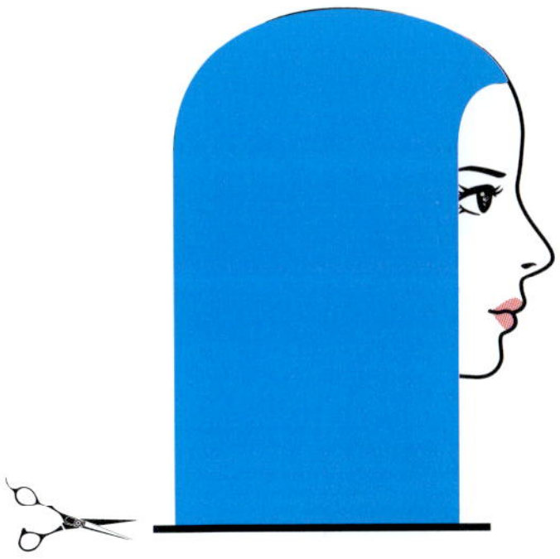
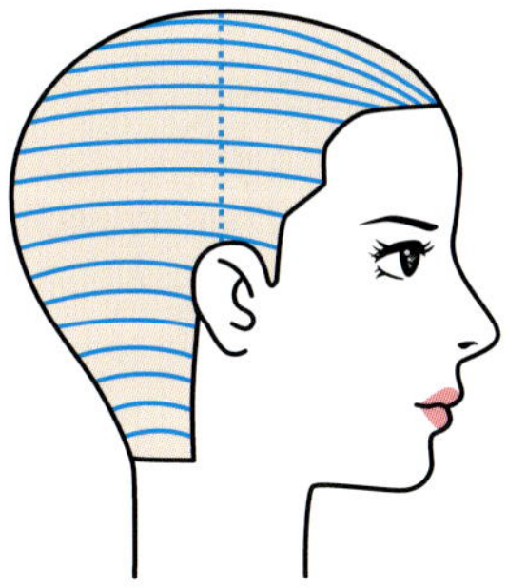

② 전대각 섹션

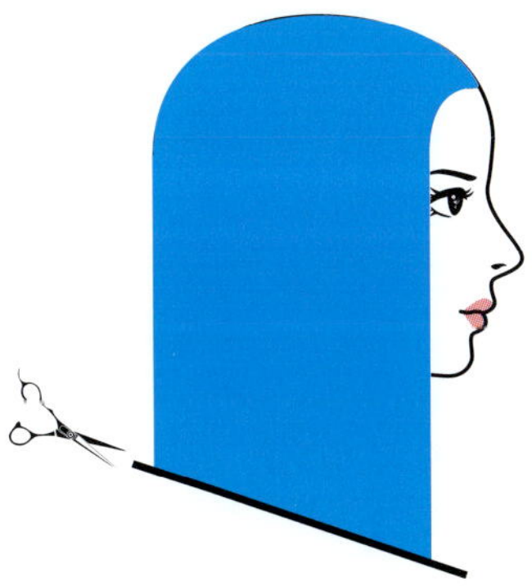
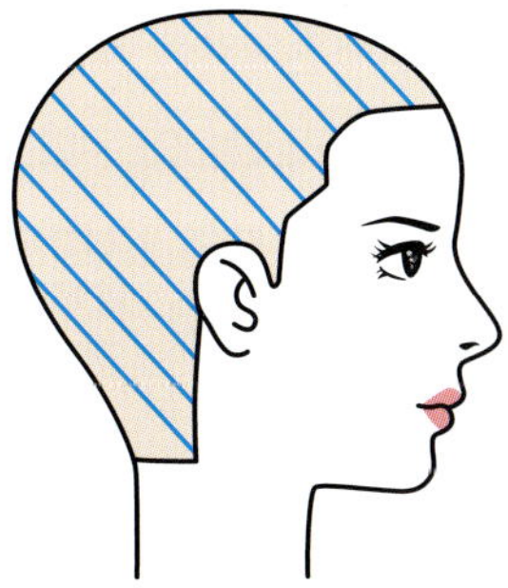

③ 후대각 섹션

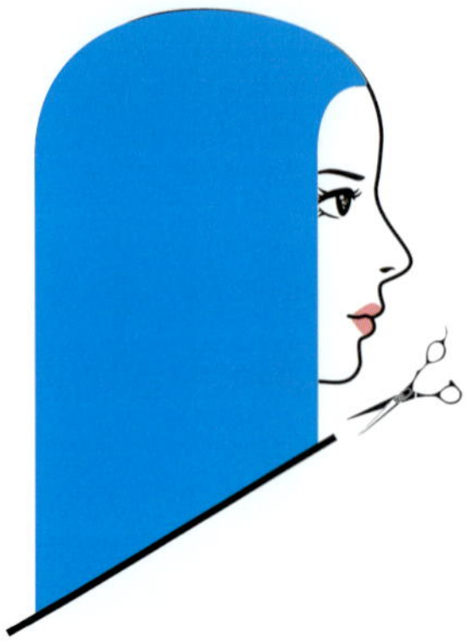

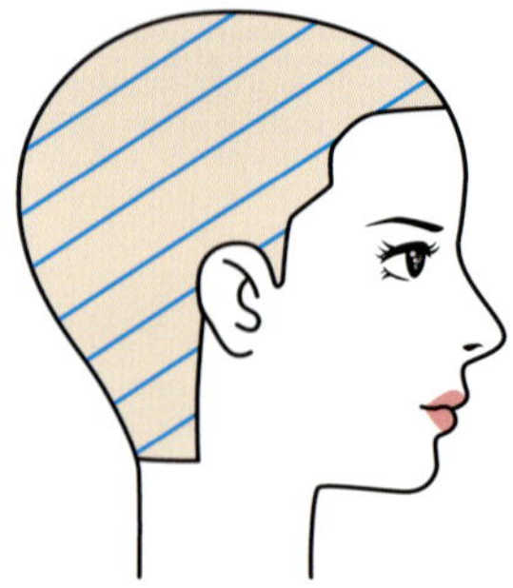

④ 방사선&수직 섹션

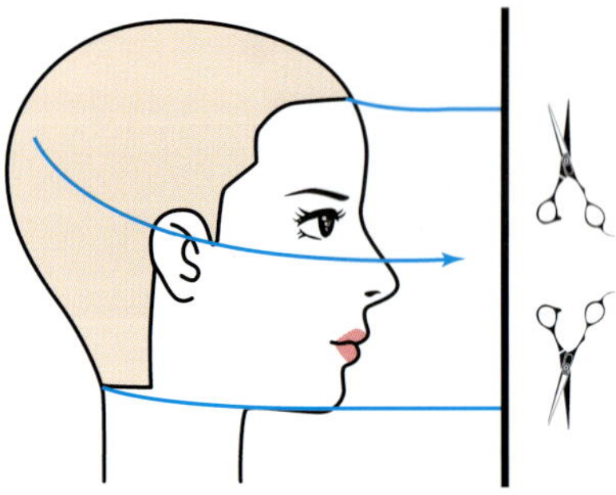

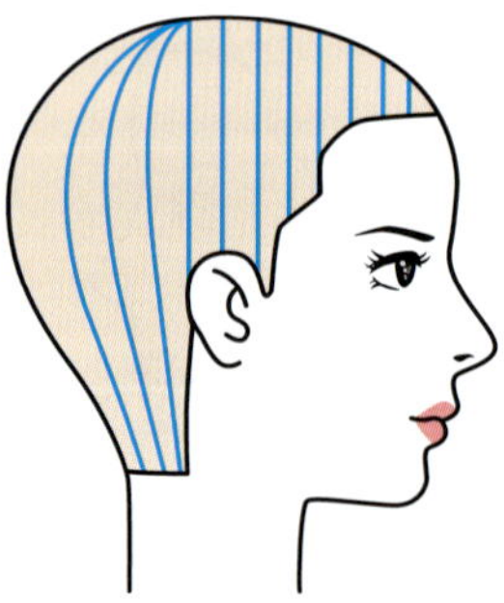

3) 섹션을 나눌 때 주의해야 할 점

① 두상의 곡면을 따라 On Base 자세를 취할 것

② Ear To Ear Part, Center Back Part 분할선에 천체축을 표기하면서 의도한 각도로 섹션라인을 그릴 것

③ 두상의 곡면을 따라 그리되, 인위적인 선을 그려서는 안 된다. 두상은 평면이 아니라 곡면임을 고려해야 함. 두상에서 다소 편평한 부분은 Nape와 사이드 부분의 일부이다.

④ 중간 중간 약간의 거리를 유지하면서 확인, 체크할 것.

⑤ 각 부위마다 천체축을 생각하면서 그릴 것.

⑥ 네이프의 첫 라인을 의도한 커트라인을 생각하면서 그리고 그 다음부터는 반드시 일정한 간격을 맞춰 그리되 곡선이 아닌 직선으로 그릴 것.

⑦ 끝나는, 혹은 시작되는 지점이 양쪽 헤어라인 부분에서 일정한 높이에서 이뤄질 것. 양쪽의 높이가 틀려지면 자연 빗질도 같이 틀려지므로 원치 않던 단차가 생긴다.

(4) 분배, 빗질방향(distribution/comb drection)

파팅에 대한 빗질 방향을 말한다.

① **자연빗질(Natural direction) :** 어떤 파팅과도 상관없이 중력의 방향으로 0°로 빗질

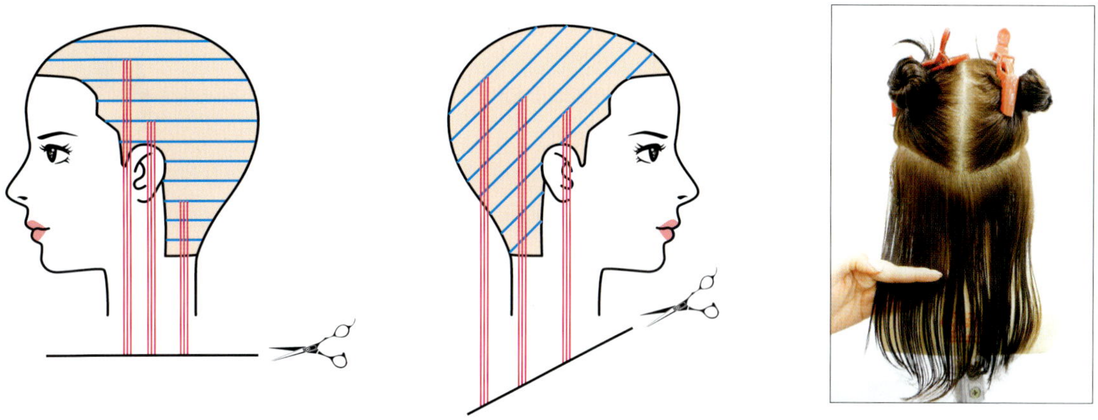

② **직각빗질(Perpendicular Direction) :** 수직빗질, 파팅선에서 직각의 빗질

③ **변형빗질(Shifted direction) :** 내 임의로 정해서(이것도 저것도 아닌 빗질) 자연 빗질, 직각빗질 외의 빗질

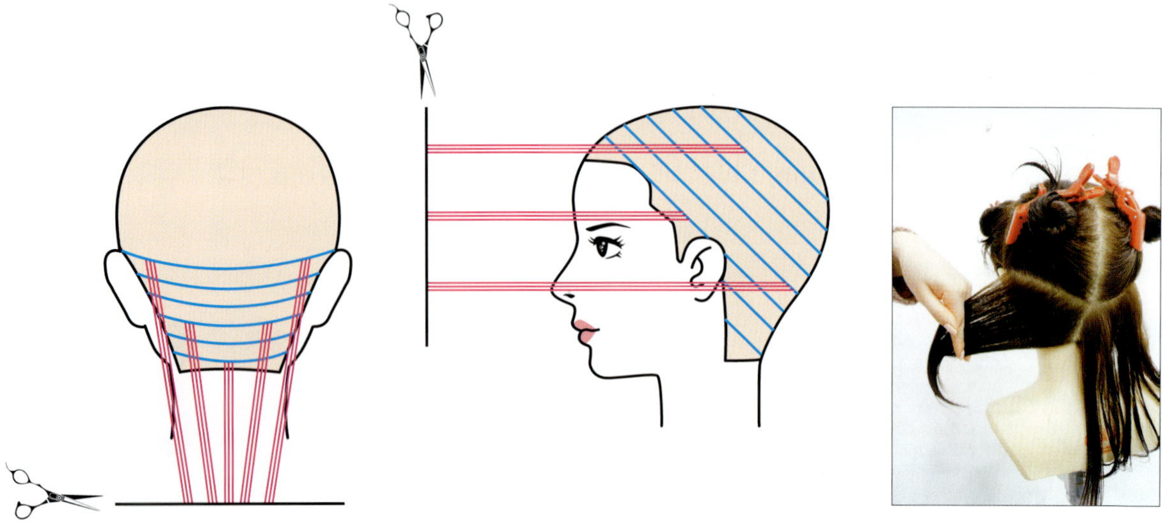

④ **방향빗질(Directional Distribution) 4가지 square cut :** 파팅과 상관없이 한 방향으로 그대로 끌어올려 혹은 끌어당겨 면을 맞춘다.

위로 똑바로

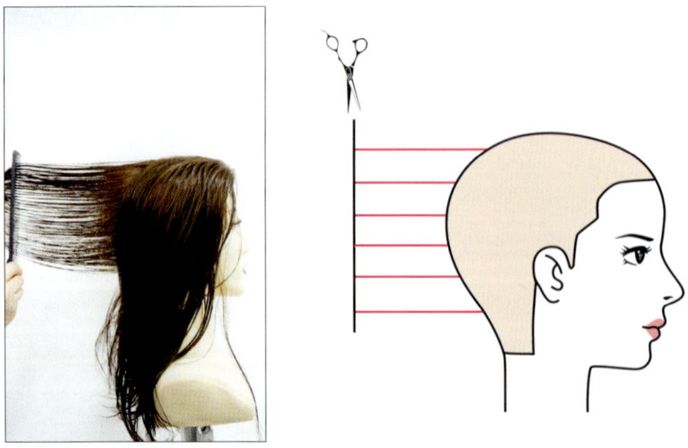

뒤로 똑바로

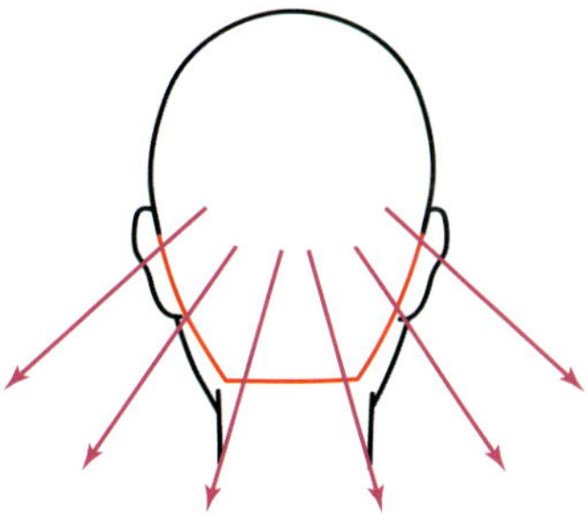

밖으로 똑바로

on the base(자기접점의 중심) 접점이 자기 베이스의 중심에 있을 때

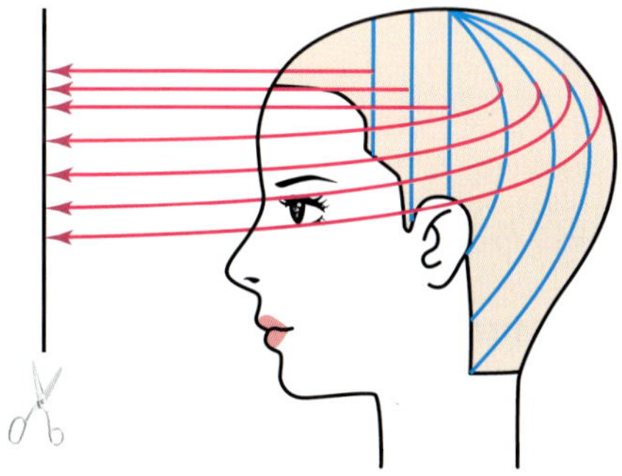

앞으로 똑바로

■ **섹션과 섹션 사이 공간 : base**

접점이 자기 베이스의 중심에 있을 때 : on the base

자기 접점의 밖 : off the base

(5) 각도, 시술각(angle, projection)

두상곡면에서 들어올려지는 각도로서 위 아래의 모양을 결정한다.

① **자연각도(Natural Fall) :** 천체축기준(원랭스, 그래쥬에이션)

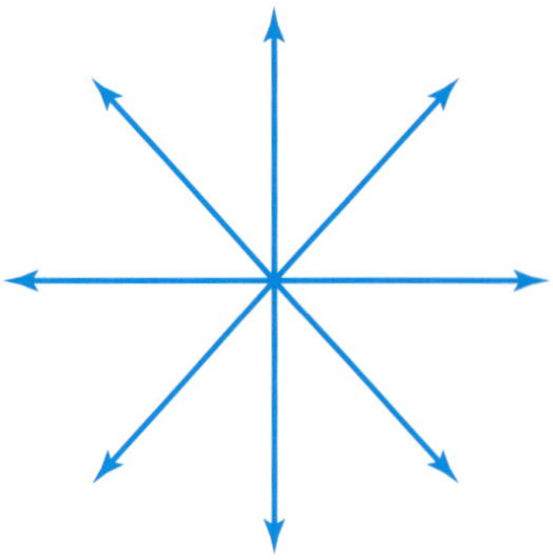

② **일반각도(Normal Projection) :** 두상의 곡면으로부터의 각도를 사용, Layer

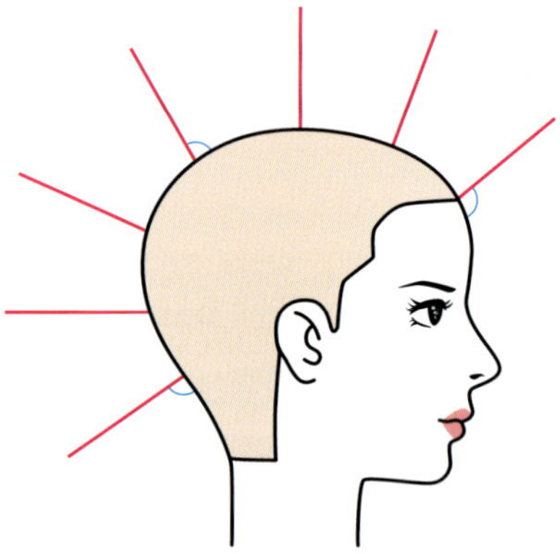

(6) 손 위치, 가위 위치(Finger/Shear Position)

파팅(두상)에 대한 손 위치(평행, 비평행)

기준 : 파팅

① **평행 손 자세(Parallel Finger Position)** : 파팅과 평행(절대 만나지 않는 것)

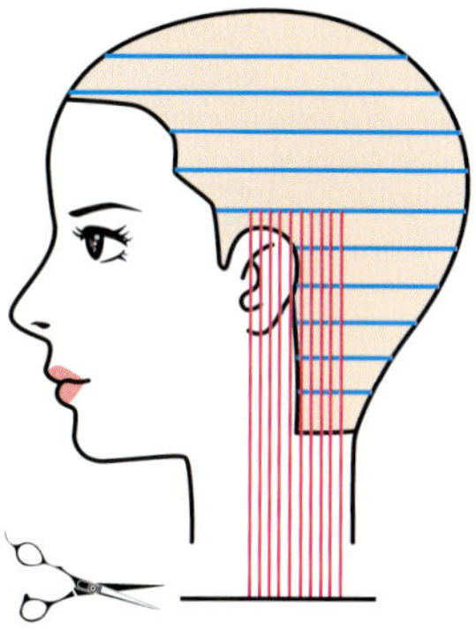

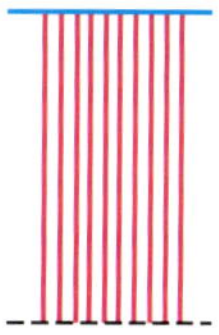

② **비평행 손 자세(Nonparallel Finger Position)** : 조금만 각도 틀어져도 만나는 것(파팅과 비평행)

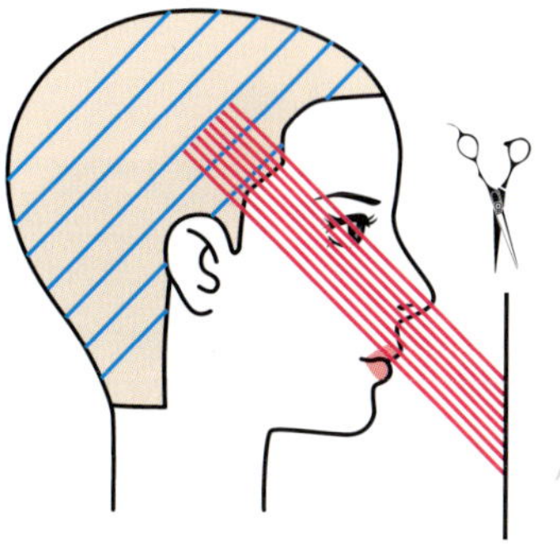

(7) 디자인 라인(design line)

스타일을 만드는 데 기준이 되는 다발의 길이로서 고정 디자인 라인, 이동 디자인 라인, 다중 디자인 라인이 있다.

① **고정 디자인 라인(Stationary D.L)** : 모든 머리를 어느 한 점 혹은 하나의 선에 모아서 Cut. (High Layer)

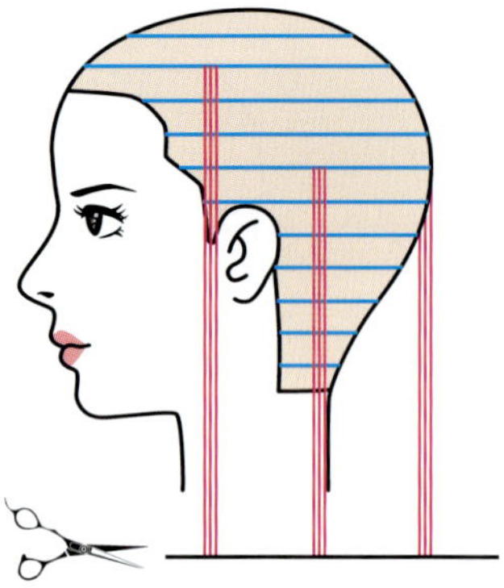

② **이동 디자인 라인(Mobile D.L)** : 커트된 모발의 일부분을 다음 커트할 섹션의 길이 가이드로 사용하는 것 (세임 레이어, 그래쥬에이션)

③ **다중 디자인 라인(Multiple D.L)** : High Layer 형에서 둘 이상의 디자인 라인이 사용.
엑스테리어 부분의 길이가 충분하지 않을 때, 또다른 새로운 디자인 라인을 만들어 사용한다.

7. 커트의 시술도구

(1) 가위(scissors)

커트는 빗질+손가락+가위질이 하나가 되어 이루어진다.
빗으로 깨끗하게 빗질 해주고 손가락으로 정확한 커트라인을 설정하고 가위로서 정확한 커트선으로 헤어스타일을 완성할 수 있다.

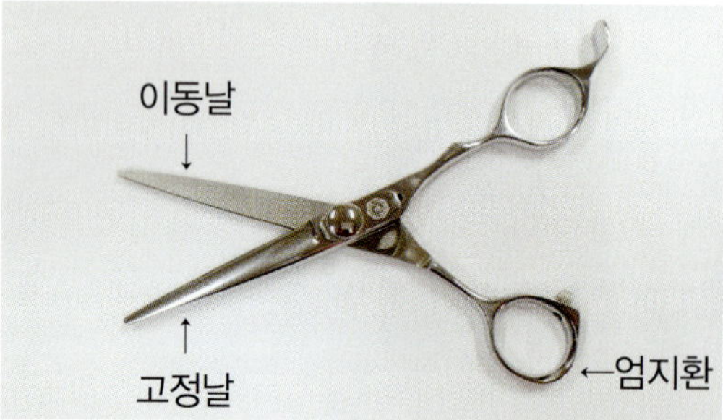

일반적으로 블런트 커트(Blunt cut) 시 많이 사용되는 도구로서 패널을 단번에 커트하여 정돈된 선을 형성한다.단 슬라이스 테크닉을 할 경우 판넬에 대해 가위의 안쪽 날은 깊게 넣어 주고, 들어가는 각도를 좁게하고, 가위 끝날의 방향을 패널의 바깥쪽으로 하여 가위의 개폐를 섬세하게 진행한다.

1) 가위 커트 테크닉 종류

① **블런트 커트(blunt cut) :** 모발과 가위가 90°를 만들어 자르는 테크닉 커트라인이 강하고 정교하게 잘려진 형태로 깨끗한 라인을 만들 때 사용된다.
② **나칭 커트(Naching cut) :** 모발과 가위가 45° 각도를 유지하며 커트하는 테크닉 커트라인의 불규 칙한 형태를 만들어 내며 약간의 블런트한 느낌을 없애주며 자연스러운 라인이 형성된다.
③ **콤 커트 (Com cut) :** 빗살로 모발을 고정하여 최소한의 텐션으로 커트. 사이트 커트 시 사용.
④ **블록 커트 (Block cut) :** 모량이 적은 사람 혹은 빠른 시간 내 커트를 끝내고자 할 때 많은 양의 모발을 한꺼번에 커트하는 방식
⑤ **슬라이드 커트(Slide cut) :** 자연스럽게 흐르는 선을 만들기 위한 커트로 모다발을 잡고 위에서 아래로 미끄러지게 연결하는 커트

2) 가위 질감 테크닉 종류

① **테이퍼링(Tapering) :** 머릿단의 끝을 붓의 끝처럼 점차 가늘어지게 커트하는 기법, 모다발의 지점에 따른 (엔드, 노멀, 딥) 테이퍼링이 있다.

ⓐ 모다발의 위치에 따른 테이퍼링

– 엔드 테이퍼링(end tapering) : 모다발의 1/3 지점에서 숱량을 감소하는 테이퍼링

– 노멀 테이퍼링(normal tapering) : 모다발의 1/2 지점에서 숱량을 감소하는 테이퍼링

– 딥 테이퍼링(deep tapering) : 모다발의 2/3 지점에서 숱량을 감소하는 테이퍼링

② **포인트 커트(Point Cut) :** 패널에 대해서 비스듬한 각도로 커트하는 기법이며, 모발 끝의 모량을 감소시키고 아웃라인을 부드럽게 만들어준다.

③ **슬리더링 커트 :** 백콤을 넣은 모발에 가위로 모량을 감소시켜 숱을 쳐내는 커트 방법, 볼륨을 형성하기 용이하다.

(2) 틴닝가위(thinning scissors)

길고 짧은 길이를 규칙적으로 반복할 수 있게 가위날을 변형시켜 제작된 가위이다. 라인 커트가 끝난 후 모량을 조절하고자 할 때 사용되는 가위(Scissors)이다.

패널의 커트되는 부분의 모량이 1/2가량씩, 1/3가량씩 감소되므로, 모발 끝에 부드러운 질감과 율동감과 모량을 제거하는데 사용되는 가위(Scissors)이다.

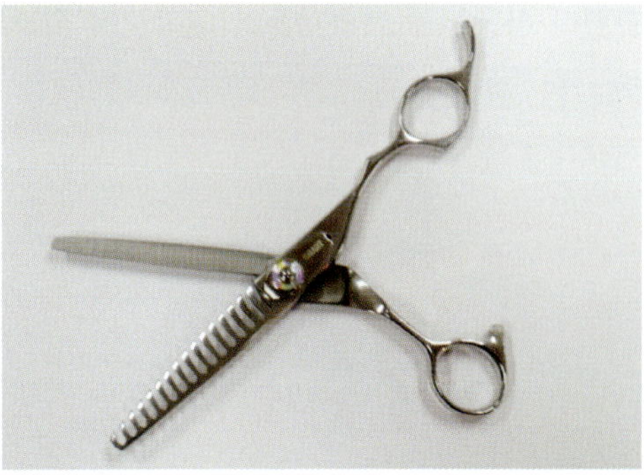

1) 틴닝 테크닉 종류

① **루트 틴닝(Root thinning) :** 모근부분의 모량 조절과 버릇머리가 있는 곳의 강한 모류를 교정하기 위한 질감 기법

② **이너 틴닝(Inner thinning):** 골격이 납작하거나 튀어나온 곳을 보정하기 위한 방법으로

ⓐ 이너 레이어 틴닝 : 겉마름 효과

ⓑ 이너 그래쥬에이션 틴닝 : 볼륨효과

모발의 밀도감과 양감, 골격과 형태선을 조절할 수 있다.

③ **라인 틴닝(Line thinning) :** 커트 형태선에서 질감을 정리하는 방법으로 가위의 자국을 최소화하거나 손질이 쉽도록 방향성을 만들어주는 효과가 있다.

(3) 슬라이싱 가위(slicing scissors)

가위 날이 C커브되어 있기 때문에, 슬라이드 커트 테크닉을 하는 경우 모발을 뜯지 않고, 가위의 개폐가 부드러우며, 모발 위에서 잘 미끄러지기 때문에 슬라이드 커트하기에 적합한 가위이다.
슬라이싱 커트(slicing cut)를 위한 가위로 C커브 모양으로 외곡이 된 가위를 사용한다.

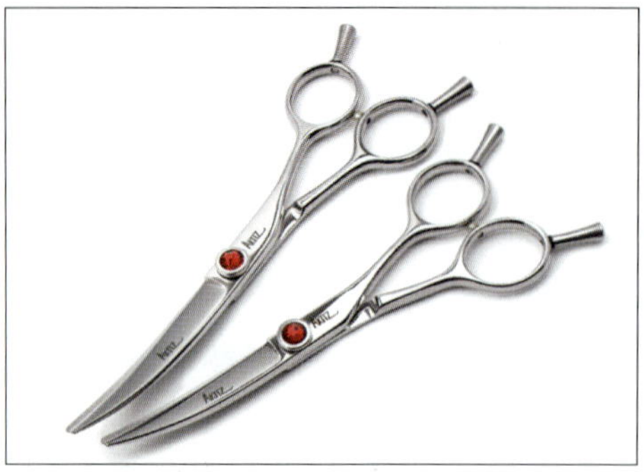

1) 슬라이싱 정의

모발 다발에 가위를 개폐했다 오므렸다 하면서 미끄러지듯이 내려오며 질감처리를 한다. 슬라이싱은 가위의 위치에 따라 모발의 방향성이 좌우되기도 한다.

(4) 스트록 가위(stroke scissors)

가위 양날이 스트레이트 형이 아닌 콘벡스 형으로 곡선의 양 만큼 가위가 미끄러지면서 커트되는 것이 특징이다.

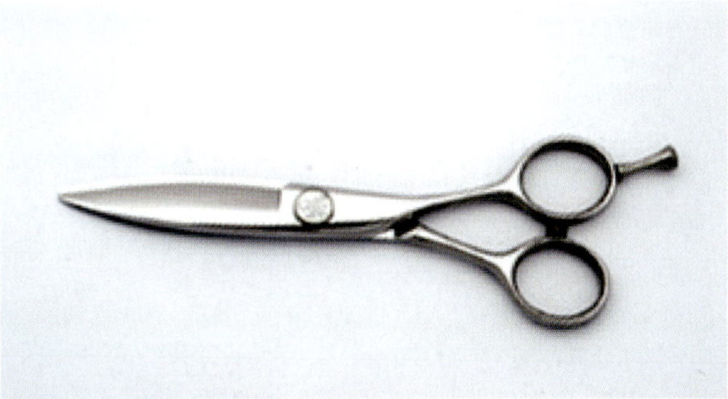

1) 스트록 커트 정의

스트록은 사전적인 의미로 "치기", "때리기"라는 뜻을 가지고 있으며 커트라인의 깔끔한 직선 부분을 만들지 않고 깃털처럼 가볍게(일명 샤기컷) 질감을 표현할 때 가위나 레저를 이용하여 사용되기도 한다. 이 테크닉은 가벼움과 입체감과 부력감을 형성하여 뻗친 스타일이나 움직임을 만들어 내기도 하고 방향성을 조절할 수 있는 커트 기법이다.

2) 스트록 테크닉 종류

① **업 스트록 컷(Up stroke cut) :** 버티컬 섹션을 활용하는 커트로 아웃 레이어 형태가 가능하다. 수직 섹션의 판넬을 잡고 윗 부분을 커트하면서 아래로 내려오며 커트가 가능하다. 숏, 미디움, 롱 업스트록 기법으로 나뉜다.

② **다운 스트록 컷(Down stroke cut) :** 버티컬 섹션을 잡고 판넬의 아랫부분을 손목을 이용해 커트하는 것으로 그라데이션, 레이어, 스퀘어 형태가 가능하다. 손목과 가위의 움직임이 중요하다. 숏, 미디움, 롱 다운스트록 기법으로 나뉜다.

③ **사이드 스트록 컷(Side stroke cut) :** 호리존탈 섹션으로 전체라인 설정과 아웃라인 설정을 해주는 커트이다. 사선 섹션, 수평 섹션으로 응용이 가능하다. 질감을 표현하면서 스퀘어라인까지 표현 가능한 장점이 있다. 숏, 미디움, 롱 사이드스트록 기법으로 나뉜다.

(5) 레져(razor)

레져는 모발 끝의 숱을 스트록 하거나, 모발길이의 중간 부분에 수직으로 긁어내듯이 질감 처리하여 가볍고 부드러운 스타일을 만들 때 사용되는 도구이다.

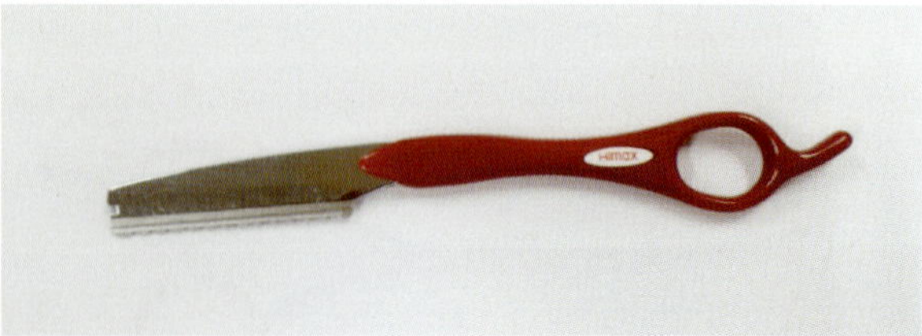

1) 레져 테크닉 종류

① **razor eating(레져 에칭) :** 레져 기법중 가장 많이 사용되는 테크닉. 겉말음으로 표현할 때 사용하는 테크닉. 모발과 레져가 예각(약 45° 정도)으로 쳐내듯이 커트하는 기법

② **razor arcing(레져 아킹)** : 안말음으로 표현할 때 사용하는 테크닉. 모발의 안쪽에서 모발을 들어 올리면서 레이져를 90°로 각을 쥐고 홀을 그리듯하여 앞쪽으로 당기듯이 커트하는 기법이다. 이 기법은 모발 안쪽에 경사를 만들어 안쪽으로 들어가는 효과를 준다.

③ **razor pilling(레져 필링) :** 크라운 부분에 커트할 때 사용하는 테크닉이다. 모발 다발에 레져를 90°각도로 넣어 뜯듯이 커트하는 기법.

④ **bevel up(베벨업) :** 모발 바깥쪽에 경사를 주는 질감 기법으로 바깥말음의 효과가 있다. 손의 텐션을 너무 주지 않도록 한다.

⑤ **bevel under(베벨언더) :** 모발 안쪽에 경사를 주는 질감 기법으로 안말음의 효과가 있다. 모발 안쪽에 홀을 그리듯 해주면서 레져와 빗을 회전한다. 강한 텐션을 주지 않도록 한다.

⑥ **Razor Rotation(레져 로테이션**(레져 회전기법)**) :** 모발을 두상의 곡면에 붙이기 위해 사용되는 테크닉. 네이프 목선이나 앞머리의 뭉침을 줄이고 커트된 머리형을 연결하기 위해 빗과 레져를 회전하면서 원을 그리듯 하는 테크닉으로 머리 질감 만들기 기법.

2) Razor cut 주의사항

① 물 분무를 충분히 해야 모발 손상이 적다.

② 모발이 뜯기는 느낌을 주기 때문에 고객들이 싫어하는 경향이 있다. 새 날을 자주 교체하여 불쾌감을 느끼지 않도록 한다.

③ 왼손에 텐션을 준다. 가르마쪽으로 당겨서 자르되 왼손이 움직여 따라가지 않도록 고정해 자르고 반대편도 마찬가지 가르마쪽으로 당겨서 Cut.

④ 오른쪽은 레이져의 안쪽날, 왼쪽은 레져의 앞쪽날을 사용.

3) Razor cut의 특징

① 커트와 질감을 동시에 가능하다.
② Razor를 길게 사용하여 cut하면 : 샤기한 느낌 연출
③ Razor를 짧게 사용하여 cut하면 : 모던한 느낌 연출

8. 도구 사용법

(1) 기본 가위 잡는 방법

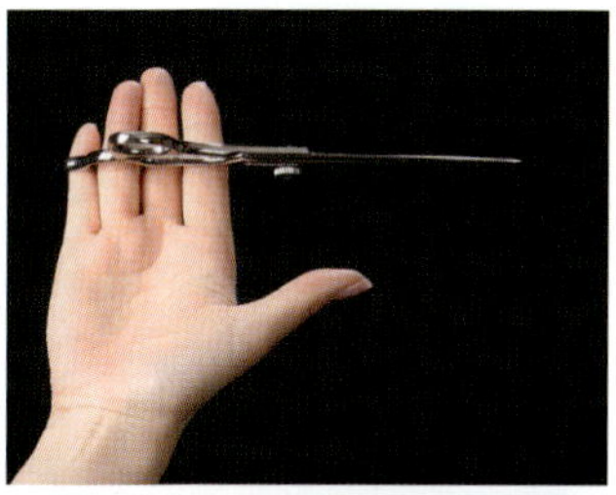

① 네 번째 손가락 두 번째 마디에 가위의 약지환을 넣어 수평을 유지하도록 한다.

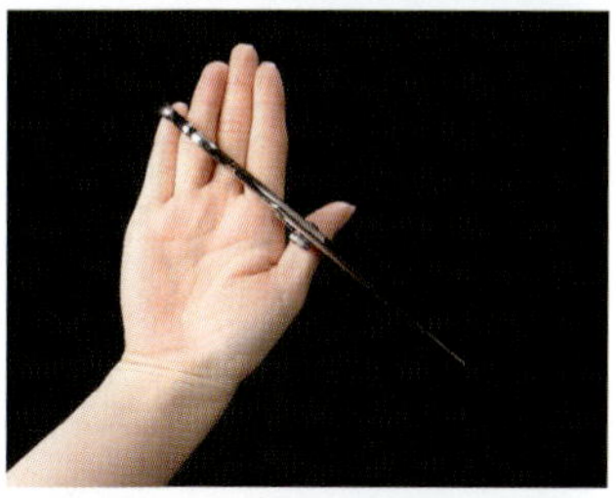

② 손바닥 안쪽으로 45° 가위날 끝을 기울인다.

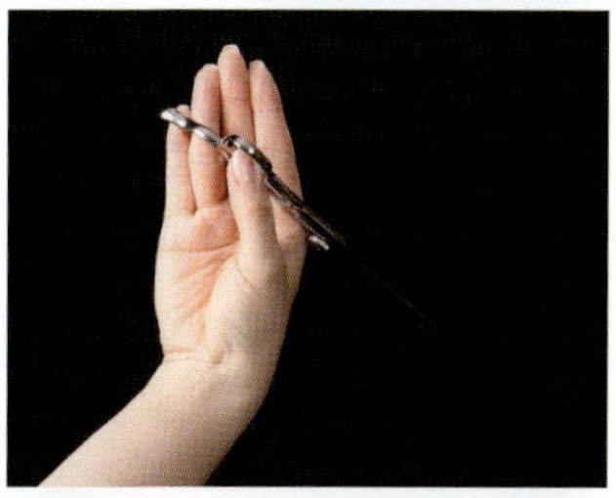

③ 엄지환에 엄지손가락을 살짝 걸친다.

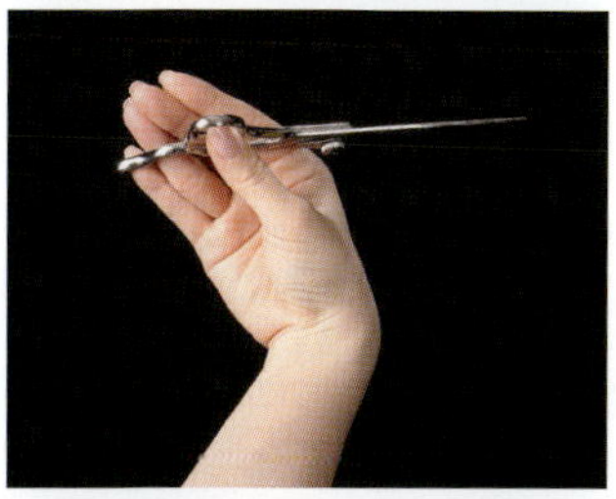

④ 손목을 꺾어 가위날이 수평이 되도록 만든다.

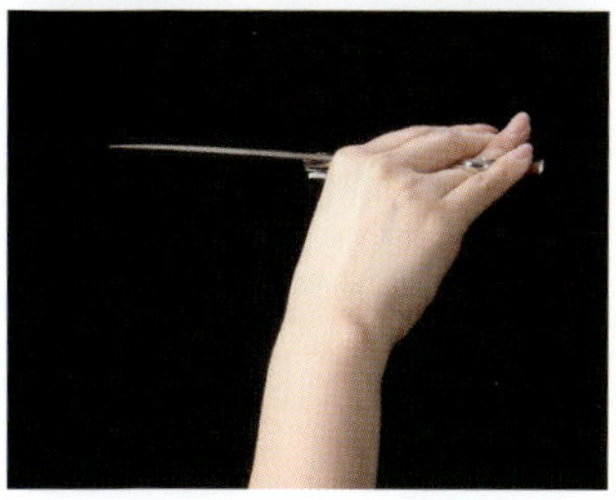

⑤ 손등을 뒤집었을 때 손끝이 45° 방향으로 돌아가도록 잡아준다.

(2) 가위 개폐동작

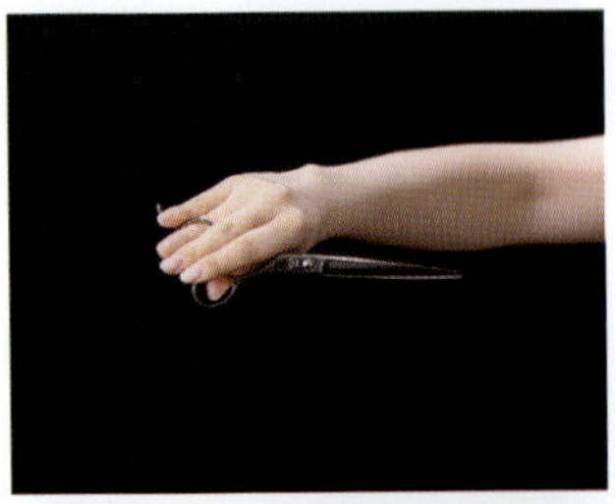

① 엄지를 뺀 네 손가락을 곧게 뻗어 가위를 잡아주고 엄지환에 엄지를 걸쳐준다.

② 엄지를 넓게 벌려 가위를 개폐 한다.

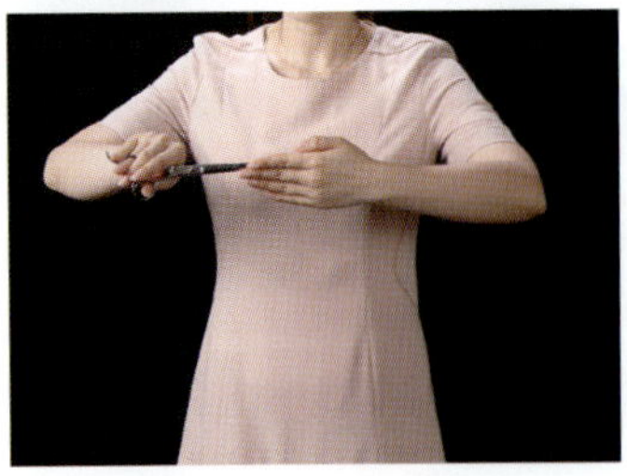

③, ④ 왼손 중지 손가락에 가위를 올려놓고 개폐동작을 실습한다.

(3) 응용 가위 잡는법1

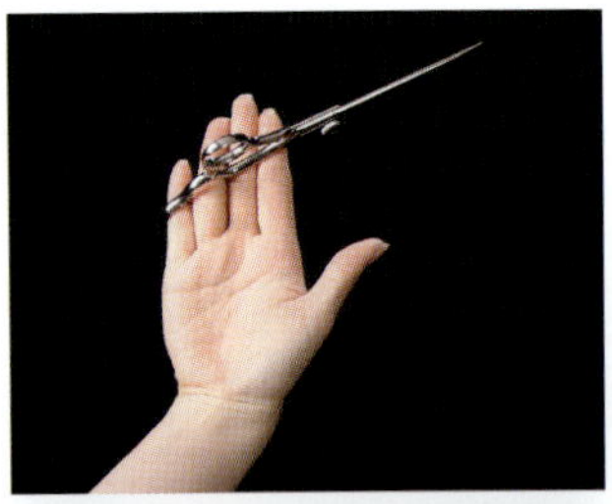

① 네 번째 손가락 두 번째 마디에 가위의 약지환을 넣고 손끝 45° 방향으로 가위날을 기울인다.

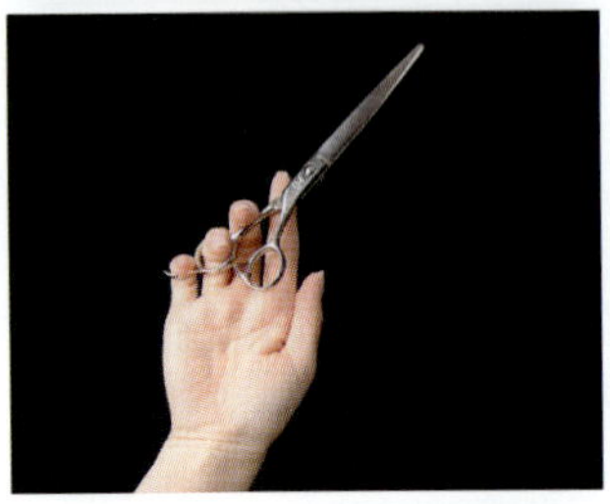

② 새끼, 약지, 중지 손가락을 구부려 가위를 잡는다.

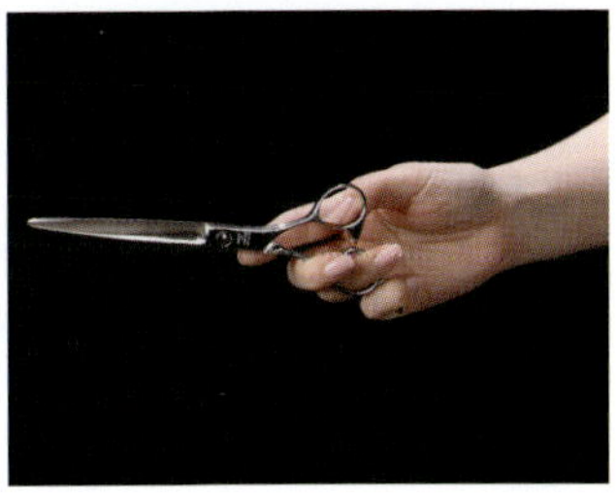

③ 엄지환에 엄지손가락을 살짝 걸친다.

(4) 응용 가위 잡는법2(나칭 기법)

① 네 번째 손가락 두 번째 마디에 가위의 약지환을 넣고 손끝 45° 방향으로 가위날을 기울여 새끼, 약지, 중지 손가락을 구부려 가위를 잡는다.

② 손목을 몸쪽으로 당겨 가위를 움켜 잡는다.

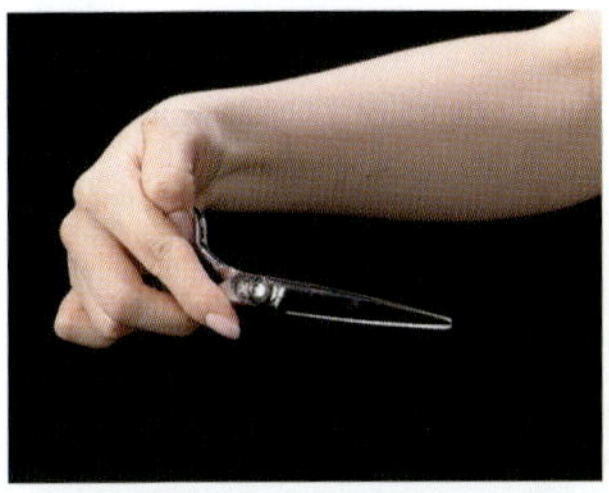

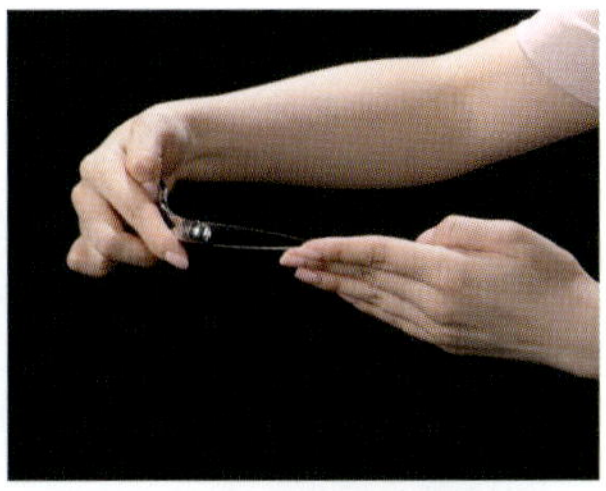

(5) 응용 가위 잡는법3(블런트 커트)

① 네 번째 손가락 두 번째 마디에 가위의 약지환을 넣고 손끝 45° 방향으로 가위날을 기울여 새끼, 약지, 중지 손가락을 구부려 가위를 잡는다.

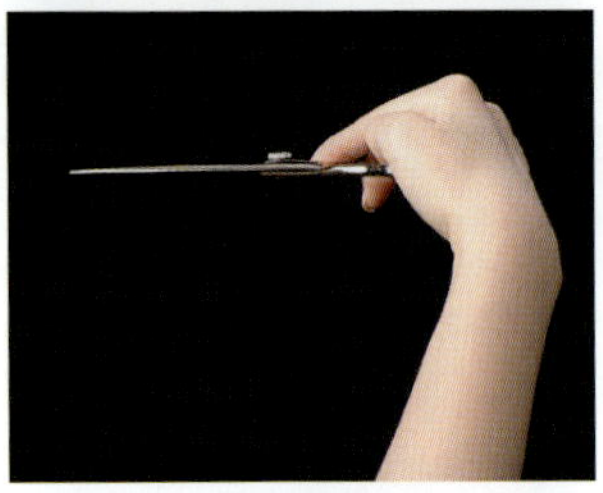

② 손목을 꺾어 가위 날을 수평으로 만든다.

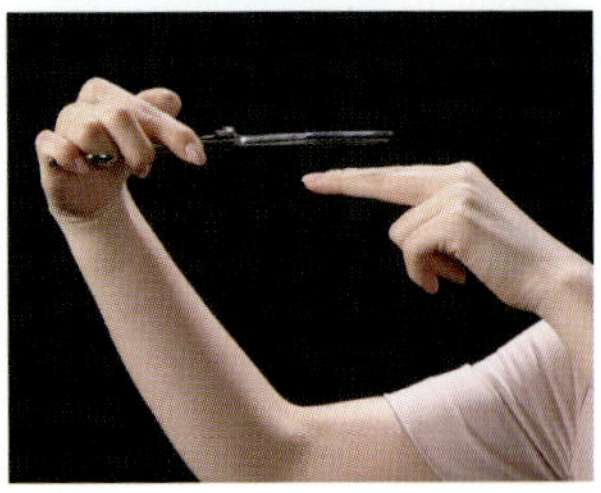

(6) 응용 가위 잡는법4(포인팅 커트)

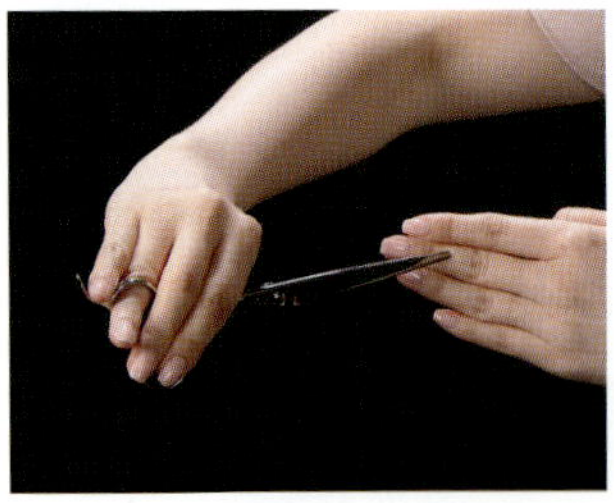

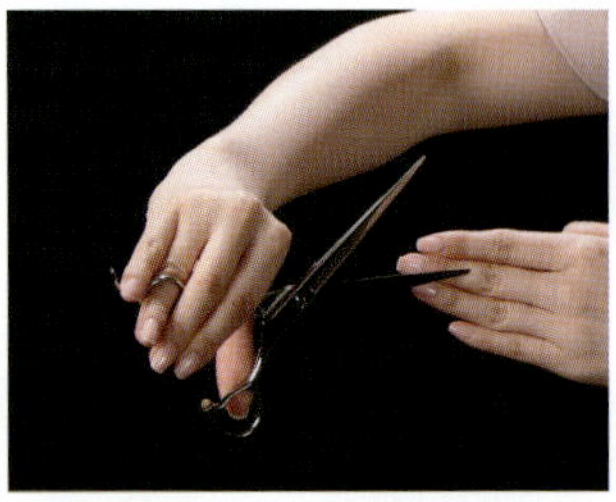

포인팅 ①, ②, ③ 왼손 손등 위로 가위를 올려 45° 각도로 커트한다.

(7) 응용 가위 잡는법5(버티컬 커트 시 사용)

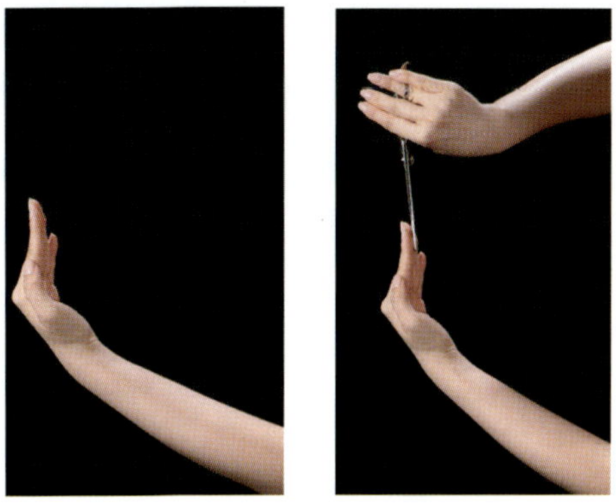

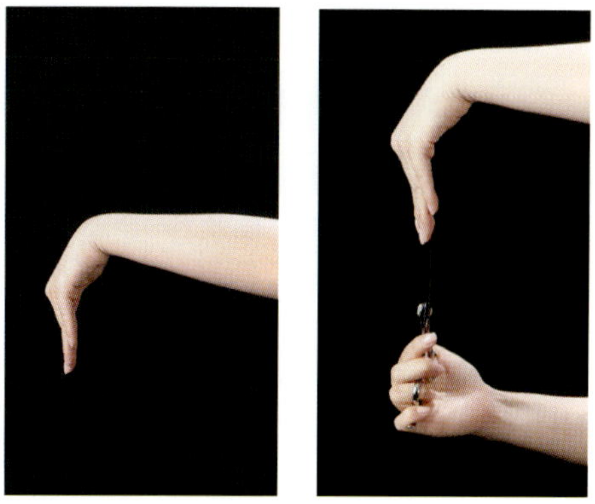

버티컬 ①, ② 왼손을 아래에서 버티컬로 잡고 위에서 아래 방향으로 커트하는 방법

버티컬 ②, ③ 왼손을 위에서 버티컬로 잡고 아래에서 위 방향으로 커트하는 방법

9. 자세

(1) 앉은 자세

① 양발을 어깨 넓이로 벌려 11자로 선 뒤 오른발을 뒤로 한발 빼어 무릎을 굽힌다. 왼발을 90°각도로 세우고 체중을 분산시켜 중심을 잡는다.

② 상체는 가슴을 편 상태에서 양팔을 가슴높이에서 수평을 유지하여 커트한다.

(2) 수평 커트 자세1

①,② 양발을 어깨 넓이로 벌려 11자로 선 뒤 오른발을 뒤로 한발 뺀다. 왼발의 무릎을 살짝 구부려 자세를 낮추고 체중을 분산시켜 중심을 잡은 뒤 상체는 가슴을 편 상태에서 양팔을 가슴높이에서 수평을 유지하여 커트한다.

(3) 수평 커트 자세2

① 정면을 바라보고 양발을 어깨 넓이로 벌려 11자로 선다. 상체는 가슴을 편 상태에서 양팔을 가슴높이에서 수평을 유지하여 커트한다. 이때 모델에 위치는 가슴 아래에 오도록 한다.

(4) 수직 커트 자세

①,② 양발을 어깨 넓이로 벌려 11자로 선 뒤 오른발을 뒤로 한발 뺀다. 왼발의 무릎을 살짝 구부려 자세를 낮추고 체중을 분산시켜 중심을 잡은 뒤 상체는 가슴을 편 상태에서 왼팔은 손을 'ㄱ' 자로 만들고 오른손은 위에서 아래 방향으로 가위날이 향하게 하여 커트한다.

③ 가위 날이 아래서 위 방향으로 커트할 시 고객의 옆 방향에 서 왼손을 위 방향, 오른손을 아래 방향에 위치해 커트한다.

(5) 사선 커트 자세

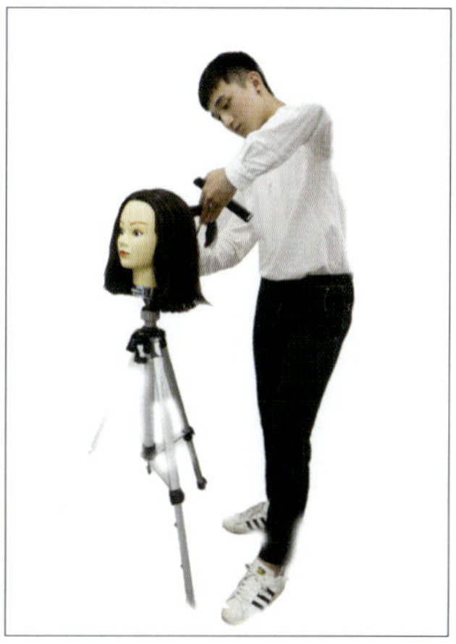

①,②,③ 발을 어깨 넓이로 벌려 11자로 선 뒤 오른발을 뒤로 한발 뺀다. 왼발의 무릎을 살짝 구부려 자세를 낮추고 체중을 분산시켜 중심을 잡은 뒤 상체는 가슴을 편 상태에서 허리를 기울인 뒤 양팔을 가슴높이에서 수평을 유지하여 커트한다.

제2장 실기편

BASIC CUT PRO

1. 베이직 커트

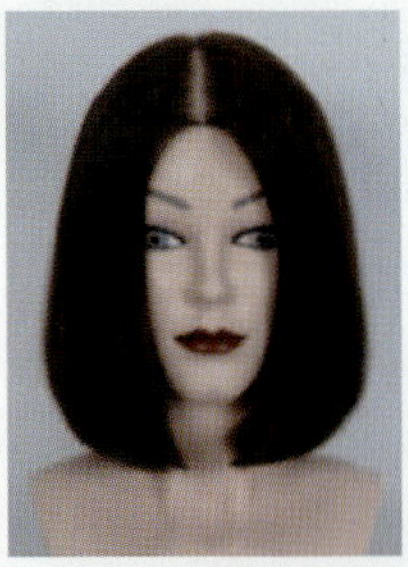

1) 수평
원랭스

2) 전대각
원랭스

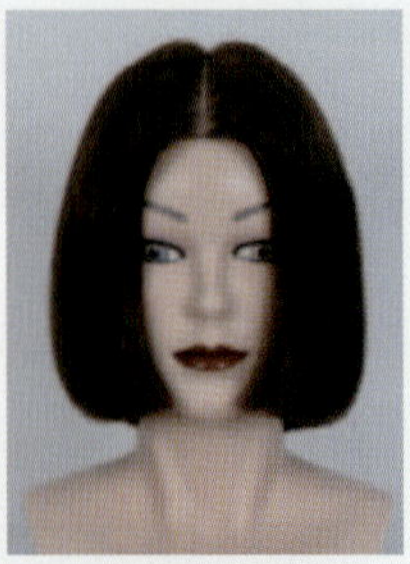

3) 후대각
원랭스

4) 수평
그래쥬에이션

5) 전대각
그래쥬에이션

6) 후대각
그래쥬에이션

7) 수평파팅을 이용한
세임레이어

8) 수직파팅을 이용한
세임레이어

9) 얼굴을 기준으로 당겨서 커트(F/P 90˚)

10) 센타를 기준으로 당겨서 커트(C/P 90˚)

11) 백을 기준으로 당겨서 커트(B/P 90˚)

12) 골덴을 기준으로 당겨서 커트(G/P 90˚)

13) 탑을 기준으로 당겨서 커트(T/P 90˚)

14) 골덴으로
이동디자인

15) 탑으로
이동디자인

1. 베이직 커트

(1) 원랭스 (One length/Solid)

자연각 0°로 단차없이 동일한 하나의 선과 형태를 만드는 커트이다.
커트라인과 가장 가까운 길이는 네이프, 가장 긴 길이는 탑이므로, 네이프에서 탑으로 갈수록 모발의 길이가 점점 길어지는 특징이 있다.

Tip : 원랭스는 수평라인이므로 동일한 호리존탈 섹션으로 커트하면 쉽게 커트할 수 있다.

1) 수평 원랭스(Horizontal One length)

수평 파팅(Horizontal parting), 수평 라인(Horizontal Line), 위치는 파팅과 평행하게 하여 자연 빗질로 커트한다.

Tip : 수평 원랭스는 수평선을 강조하여 단정하고 안정된 이미지가 연출된다.

완성형-앞

완성형-옆(좌)

완성형-옆(우)

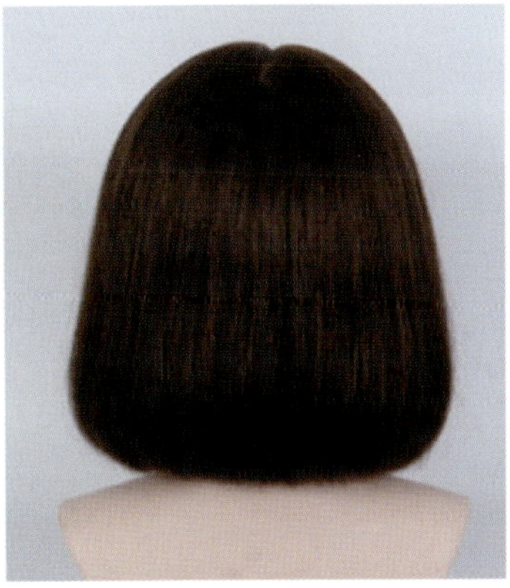
완성형-뒤

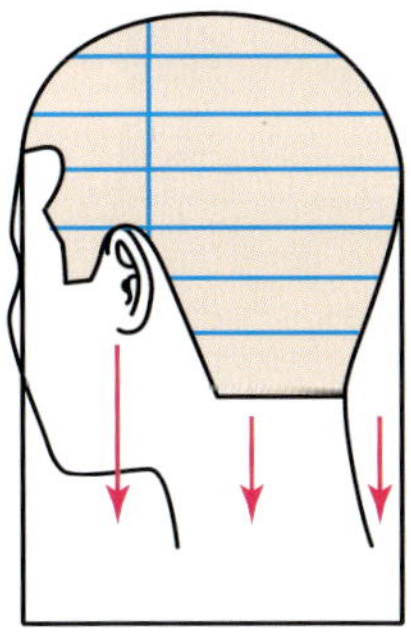
도해도

[커트 절차]

① 블로킹 : 4등분(정중선+측중선)
② 머리위치 : 똑바로
③ 섹션, 파팅 : 수평
④ 분배, 빗질 : 자연분배
⑤ 시술각 : 자연시술각 0°
⑥ 손가락, 가위위치 : 섹션/파팅과 평행
⑦ 디자인 라인 : 고정 디자인 라인

1-1. 센터, 이어 투 이어 섹션으로 4블로킹 수평 파팅 후, 중앙에서 가이드라인 설정

1-2. 가이드 라인을 기준으로 자연 각도 0˚ 평행하게 커트

1-3. 수평 라인이 맞는지 양쪽의 길이 체크

1-4. 백 부분 수평라인 고정 디자인 라인으로 커트

1-5. 왼쪽도 손을 파팅과 평행하게 커트

1-6. 두상의 곡면에 따라 곱게 빗질하여 고정 디자인 라인으로 커트

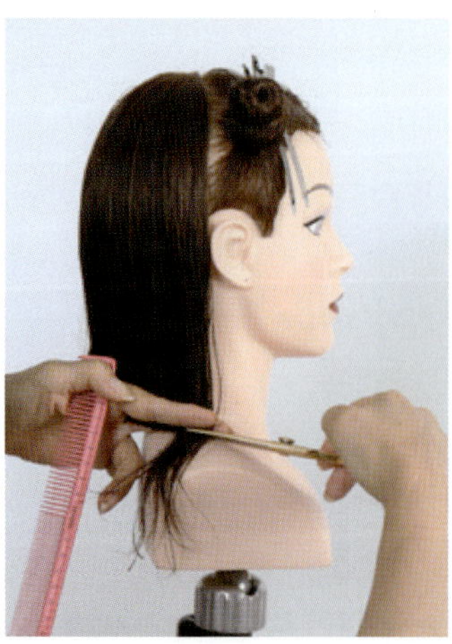

1-7. 백 오른쪽라인 가이드에 맞추어 수평라인으로 커트

1-8. 사이드 동일하게 고정디자인 수평으로 커트

1-9. 오른쪽에 맞추어 사이드 라인 수평파팅 후 백부분의 (노텐션) 자연 각도

1-10. 콤 컨트롤하여 길이라인 체크

1-11. 눈썹 산에 맞추어 고정하여 평행하게 커트

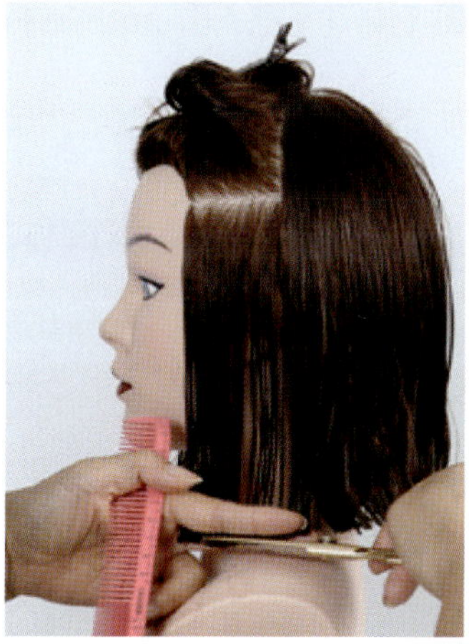

1-12. 왼쪽 사이드 라인 수평 커트

1-13. 오른쪽 왼쪽사이드 길이 체크

1-14. 커트된 앞모습

2) 전대각 원랭스(Diagonal Forward One length)

자연빗질로써 전대각 파팅(Diagonal Forward parting), 전대각 라인(Diagonal Forward Line), 손 위치는 파팅과 평행하게 하여 커트한다.

Tip : 전대각 원랭스는 스파니엘 형태로 뒤쪽에서 앞쪽으로 길어지는 형태로써 각진얼굴을 가려주고 갸름한 얼굴형으로 연출된다.

완성형–앞

완성형–옆(좌)

완성형–옆(우)

완성형–뒤

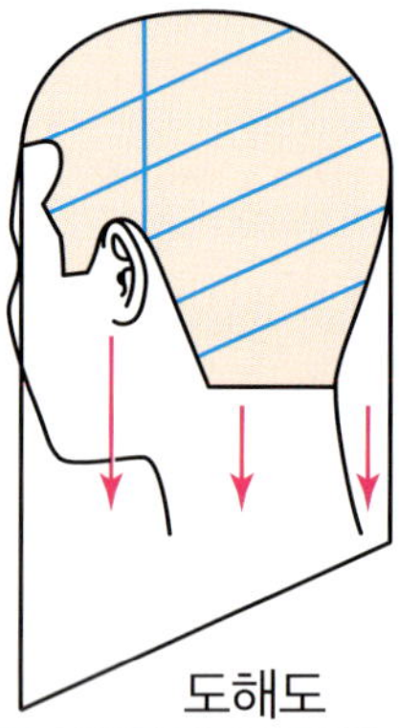

도해도

[커트 절차]

① 블로킹 : 4등분(정중선+측중선)
② 머리위치 : 똑바로
③ 섹션, 파팅 : 전대각
④ 분배, 빗질 : 자연분배
⑤ 시술각 : 자연시술각 0°
⑥ 손가락, 가위위치 : 섹션/파팅과 평행
⑦ 디자인 라인 : 고정 디자인 라인

2-1. 센터, 이어투이어라인으로 4브로킹하여 전대각 파팅 후 자연 빗질 자연 각도 0˚로 가이드 라인 설정

2-2. 왼쪽 전대각 파팅과 손가락을 평행하게 커트

2-3. 왼쪽과 동일하게 동일한 라인의 각도로 대칭이 되게 커트

2-4. 왼쪽 백부분 자연 빗질 자연 각도 0˚ 고정 디자인 라인으로 커트

2-5. 손가락을 파팅과 평행하게 하여 전대각라인으로 커트

2-6. 오른쪽 백부분로 왼쪽과 동일하게 커트

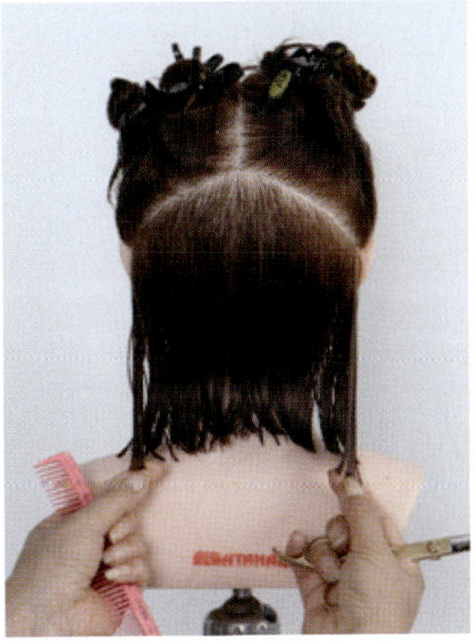

2-7. 양쪽 길이 체크

2-8. 두상의 곡면을따라 방사선으로 빗질한 후 자연 각도 0˚ 고정 가이드 라인으로 커트

2-9. 자연 각도 0˚ 고정 가이드 라인으로 커트

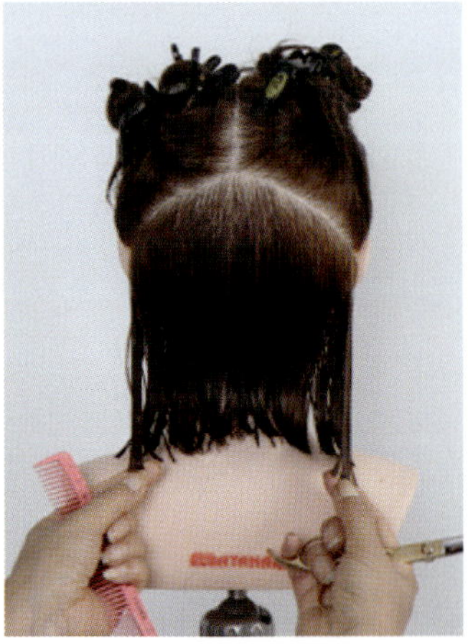

2-7. 양쪽 길이 체크

2-8. 두상의 곡면을따라 방사선으로 빗질한 후 자연 각도 0˚ 고정 가이드 라인으로 커트

2-9. 자연 각도 0˚ 고정 가이드 라인으로 커트

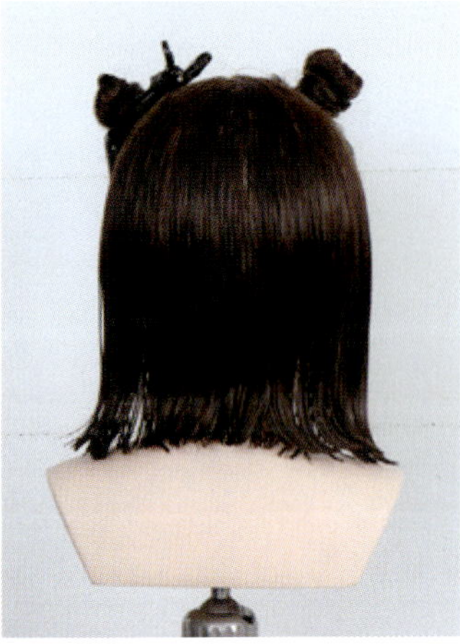

2-10. 백의 커트된 상태

2-11. 전대각파팅 후 백가이드의 사선라인에 연결하여 파팅과 평행한 손가락으로 커트

2-12. 오른쪽 사이드로 왼쪽과 동일하게 커트

2-13. 오른쪽 왼쪽 길이 체크

2-14. 커트된 앞모습

3) 후대각 원랭스(Diagonal Back One length)

후대각 파팅(Diagonal Back parting), 후대각 라인(Diagonal Back Line)에 따라 파팅에 따라 자연 빗질을 하며, 손 위치는 파팅과 평행하게 커트한다.

Tip : 후대각 원랭스는 얼굴쪽에서 뒤쪽으로 길어지는 형태로서 발랄하고 귀여운 이미지를 연출한다.

완성형–앞

완성형–옆(좌)

완성형–옆(우)

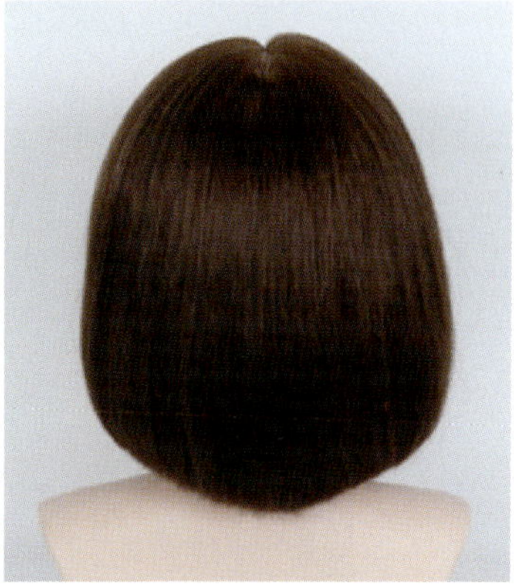

완성형–뒤

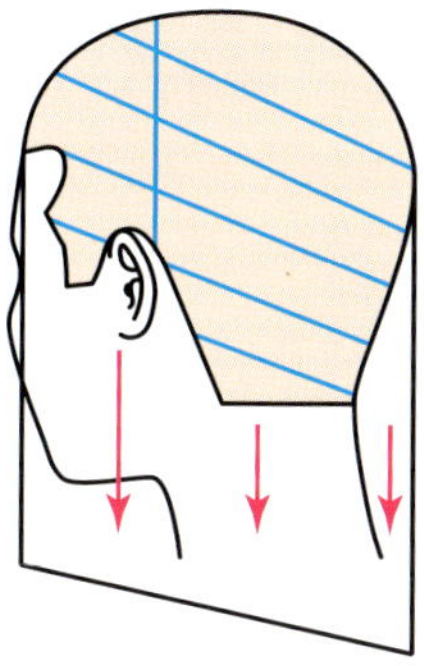

도해도

[커트 절차]

① 블로킹 : 4등분(정중선+측중선)
② 머리위치 : 똑바로
③ 섹션, 파팅 : 후대각
④ 분배, 빗질 : 자연분배
⑤ 시술각 : 자연시술각 0°
⑥ 손가락, 가위위치 : 섹션/파팅과 평행
⑦ 디자인 라인 : 고정 디자인 라인

3-1. 센터, 이어투이어라인으로 4브로킹 후 후대각 파팅하여 센터 가이드 라인 설정

3-2. 후대각 파팅 라인과 손가락을 평행하게 하여 자연 각도 0°로 커트

3-3. 오른쪽도 왼쪽과 동일하게 커트

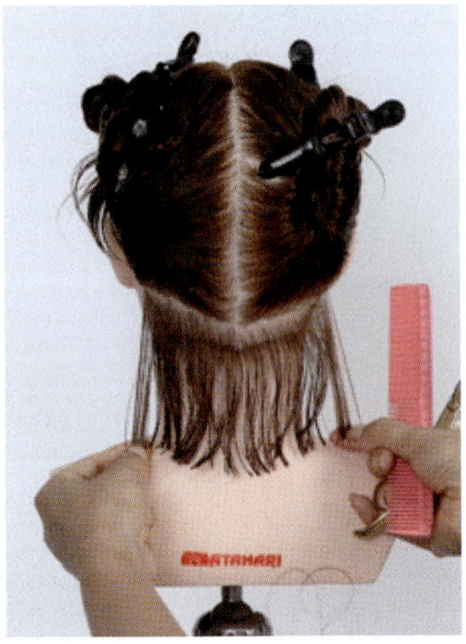

3-4. 후대각 라인 길이 체크

3-5. 백부분 자연 각도 0° 고정 가이드 라인으로 커트

3-6. 백부분 왼쪽라인 자연 각도 0° 고정디자인으로 후대각 라인으로 커트

3-7. 백부분 오른쪽라인도 왼쪽과 동일하게 커트

3-8. 양쪽길이 체크

3-9. 두상의 곡면을 따라 방사선으로 빗질 후 고정 디자인 라인으로 커트

3-10. 후대각 파팅후 텐션없이 커트. 반대쪽도 동일하게 커트

3-11. 오른쪽 왼쪽 길이 체크

3-12. 커트된 앞모습

(2) 그래쥬에이션 (Graduation)

1~89°의 각도를 형성하며 단차의 정도에 따라 Low, Medium, High Graduation로 분류된다. 볼륨감과 무게감을 형성하며, 층의 정도에 따라 거친 질감과 매끄러운 질감이 함께 표현된다.

- 로우 그래쥬에이션(Low Graduation) : 낮은 시술각으로 1~30° 이하의 낮은 경사선과 무게선이 생긴다.
- 미듐 그래쥬에이션(Medium Graduation) : 중간 시술각으로 31~60° 이하의 중간 경사선과 무게선이 생긴다.
- 하이 그래쥬에이션(high Graduation) : 높은 시술각으로 61~89° 이하의 높은 경사선과 무게선이 생긴다.

Tip : 수평 파팅(Horizontal parting) , 전대각 파팅(Diagonal Forward parting), 후대각 파팅(Diagonal Back parting)에 따라 수직 빗질하며, 손 위치는 파팅과 평행하게 커트 하게되면 파팅과 동일한 단차가 생긴다.

4) 수평 그래쥬에이션(Horizontal Graduation)

수평 파팅(Horizontal parting), 수평 라인(Horizontal Line), 손 위치는 파팅과 평행하게 하여 수직(직각)빗질로 커트한다.

수평 그래쥬에이션은 단차가 수평으로 생기며, 시술각에 따라 무게선의 높낮이가 결정된다.

Tip : 수평 그래쥬에이션의 스타일은 양 사이드의 동일한 볼륨감이 생기므로 수평선을 강조한 이미지에 잘 어울린다.

완성형–앞

완성형–옆(좌)

완성형–옆(우)

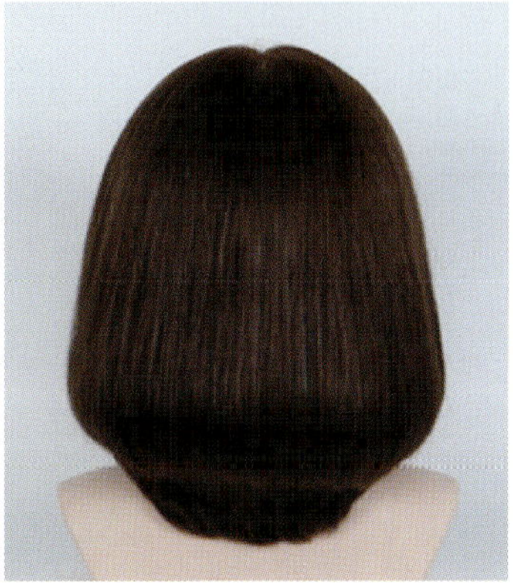

완성형–뒤

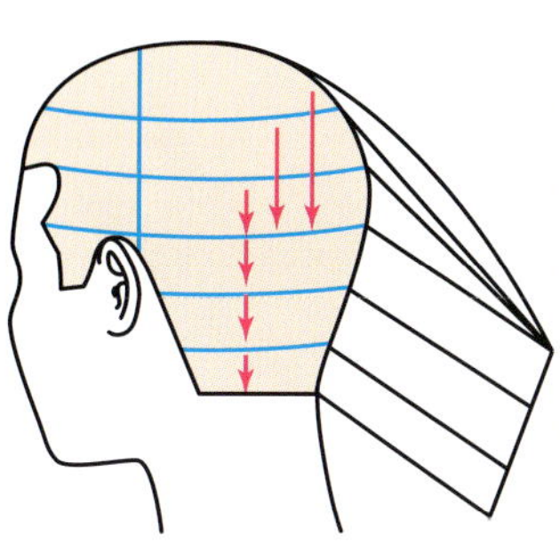

도해도

[커트 절차]

① 블로킹 : 4등분(정중선+측중선)
② 머리위치 : 똑바로
③ 섹션, 파팅 : 수평
④ 분배, 빗질 : 직각분배
⑤ 시술각 : 자연시술각 45°
⑥ 손가락, 가위위치 : 섹션/파팅과 평행
⑦ 디자인 라인 : 고정 + 이동 디자인 라인

4-1. 센터, 이어투이어라인으로 4 브로킹 후 수평 파팅 수평으로 가이드 라인 설정

4-2. 수평파팅과 직각빗질하여 손가락은 평행하게 커트

4-3. 오른쪽도 왼쪽과 동일하게 커트

4-4. 오른쪽과 왼쪽 길이 체크

4-5. 수평파팅과 직각빗질 손가락을 평행하게 하고 자연각도 45˚ 이동 디자인 라인으로 커트

4-6. 자연 각도 45˚

4-7. 자연 각도 45˚ 라인 확인

4-8. B/P 45˚ 에 맞추어 커트

4-9. 수평파팅으로 고정 가이드 라인으로 B/P에서 45˚

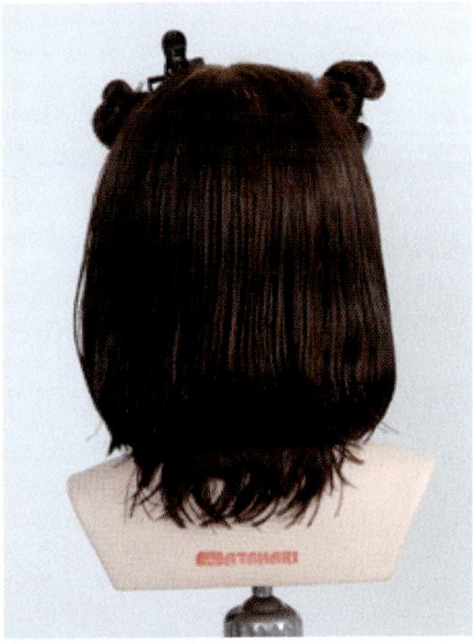

4-10. 백 커트된 상태

4-11. 오른쪽 사이드에서 수평파팅 자연 각도 45° 고정 디자인 라인

4-12. 수평으로 빗질하고 손가락을 평행하게 하여 자연 각도 45° 고정 디자인 라인으로 모아서 커트

4-13. 양쪽 밸런스 확인

4-14. 커트 완성

5) 전대각 그래쥬에이션(Diagonal Forward Graduation)

전대각 파팅(Diagonal Forward parting), 전대각 라인(Diagonal Forward Line), 손 위치는 파팅과 평행하게 하여 수직(직각) 빗질로 커트한다.

Tip : 전대각 그래쥬에이션의 스타일은 백 부분의 짧은 머리로 인해 볼륨감이 생기며 얼굴 양사이드의 긴 머리는 무게감으로 각진 얼굴을 가려주는 효과를 얻어낼 수 있으므로 각진 얼굴형에 적절한 헤어스타일이다.

완성형–앞

완성형–옆(좌)

완성형–옆(우)

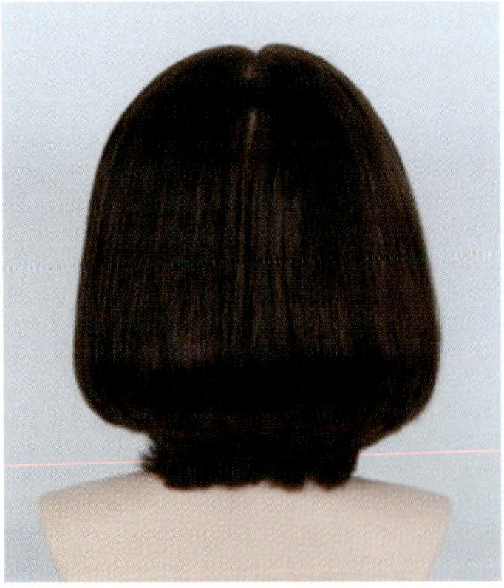

완성형–뒤

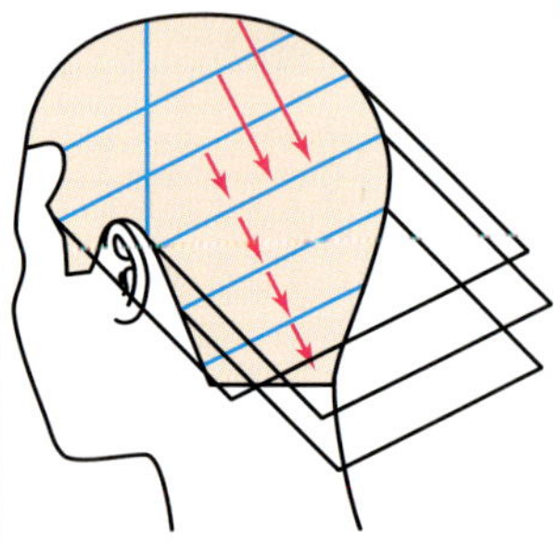

도해도

[커트 절차]

① 블로킹 : 4등분(정중선+측중선)
② 머리위치 : 똑바로
③ 섹션, 파팅 : 전대각
④ 분배, 빗질 : 직각분배
⑤ 시술각 : 자연시술각 45°
⑥ 손가락, 가위위치 : 섹션/파팅과 평행
⑦ 디자인 라인 : 고정 + 이동 디자인 라인

5-1. 센터, 이어투이어라인으로 4 브로킹 후 왼쪽 전대각 파팅하여 파팅과 손가락을 평행하게 하며 자연 각도 45˚ 직각빗질하여 커트

5-2. 자연 각도 45˚ 직각빗질하여 손가락을 파팅과 평행하게 하여 커트

5-3. 오른쪽도 왼쪽과 동일하게 커트

5-4. 왼쪽 자연 각도 45˚ 이동 디자인하여 전대각 커트

5-5. 오른쪽 백포인트까지 자연 각도 45˚로 이동 디자인하여 커트

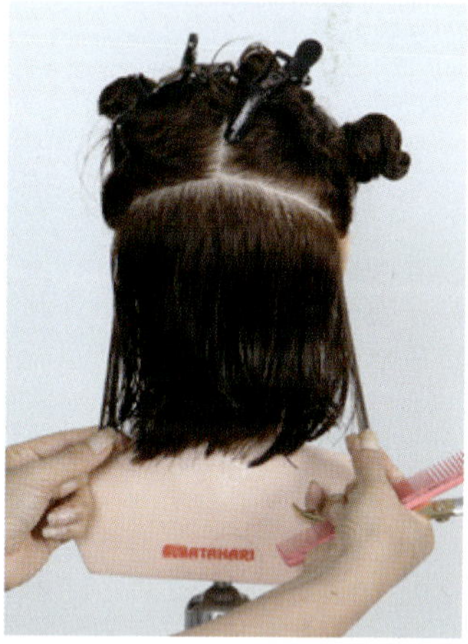

5-6. 양쪽 길이 체크

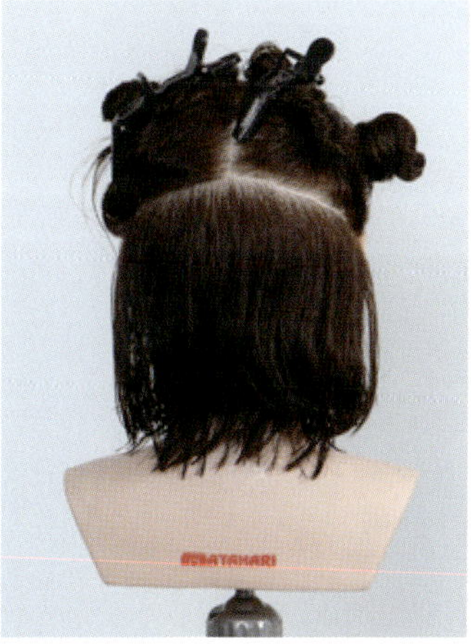

5-7. 네이프 부분이 커트된 상태

5-8. 백 부분은 B/P 45˚ 고정 가이드 라인으로 커트

5-9. 오른쪽 전대각 라인 고정 가이드 라인으로 자연 각도45 ° 커트

5-10. 오른쪽 사이드 자연 각도 45 ° 동일하게 진행

5-11. 백사이드의 가이드에 맞추어 전대각으로 고정 디자인 라인으로 커트

5-12. 오른쪽 사이드 자연 각도 45 ° 동일하게 진행

5-13. 왼쪽 사이드 동일하게 커트 후 체크

5-14. 커트된 앞모습

6) 후대각 그래쥬에이션(Diagonal Back Graduation)

후대각 파팅(Diagonal Back parting), 후대각 라인(Diagonal Backward Line)에 따라 수직빗질을 하며, 손 위치는 파팅과 평행하게 하여 수직(직각)빗질로 커트한다.

Tip : 후대각 그래쥬에이션의 스타일은 얼굴을 드러내는 스타일로 둥근 형태의 볼륨을 만들어 내어 청순하고 귀여운 이미지를 연출한다.

완성형-앞

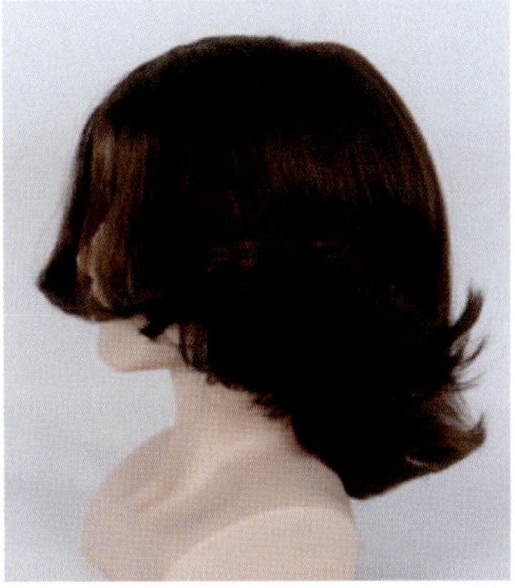

완성형-옆(좌)

완성형-옆(우)

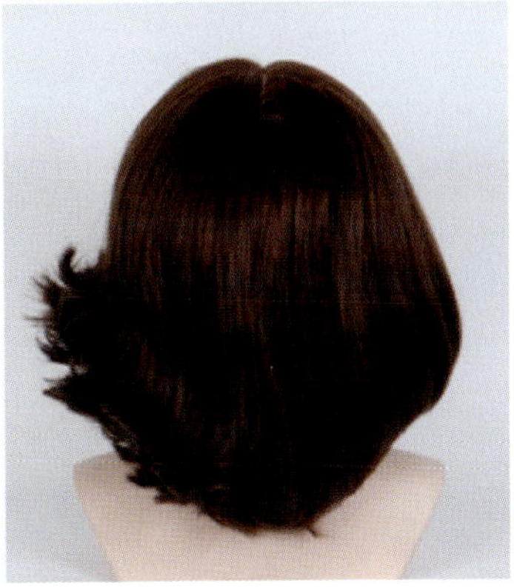

완성형-뒤

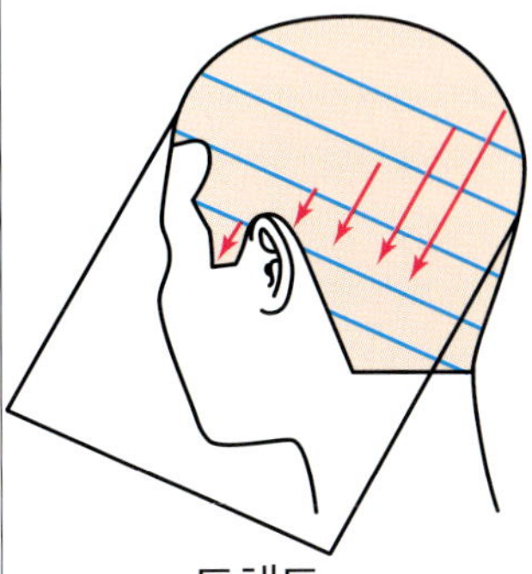

도해도

[커트 절차]

① 블로킹 : 4등분(정중선+측중선)
② 머리위치 : 똑바로
③ 섹션, 파팅 : 후대각
④ 분배, 빗질 : 직각분배
⑤ 시술각 : 자연시술각 45°
⑥ 손가락, 가위위치 : 섹션/파팅과 평행
⑦ 디자인 라인 : 고정 + 이동 디자인 라인

6-1. 센터섹션으로 2브로킹한 후 S.C.P에서 가이드 라인을 내려놓은 상태

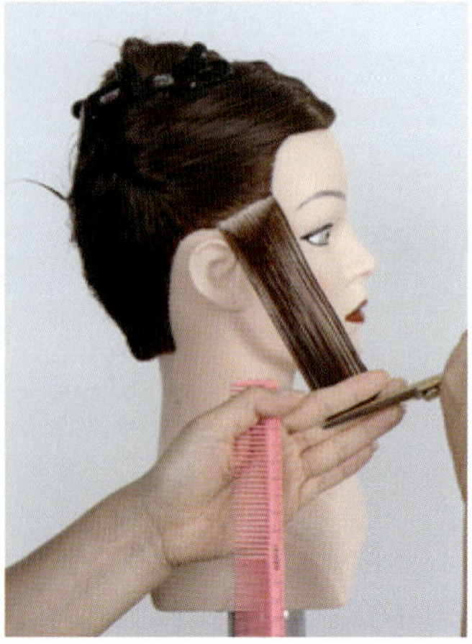

6-2. S.C.P에서 후대각 파팅 후 파팅과 손가락을 평행하게 하여 직각 빗질, 가이드 라인 설정, 자연 각도 45°

6-3. 후대각 파팅 후 자연 각도 45° 직각빗질로 손가락을 평행하게 커트

6-4. 후대각 파팅 후 자연 각도 45° 이동 디자인 라인으로 커트

6-5. 자연 각도 45° 라인으로 직각빗질로 커트

6-6. 후대각 라인의 연결되게 자연 각도 45° 커트

6-7. 후대각 라인에 맞추어 직각빗질로 고정디자인 45° 커트

6-8. 고정 디자인 라인 45°에 맞추어 커트

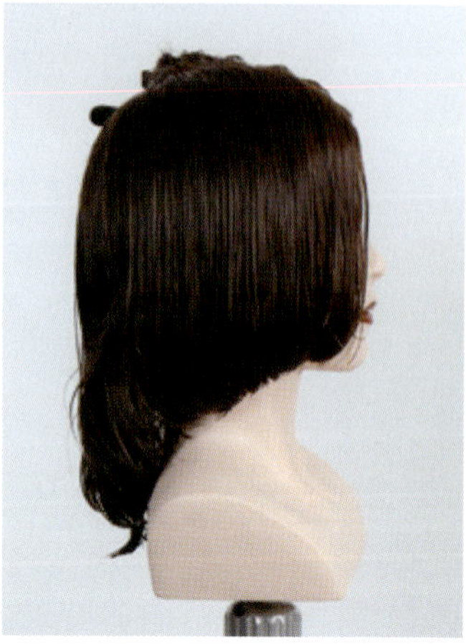

6-9. 후대각 라인이 완성된 상태

6-10. 오른쪽 가이드 설정 후 양쪽 길이 체크

6-11. 후대각 원랭스로 라인 정리

6-12. 네이프 고정 디자인 라인으로 후대각 원랭스로 라인 정리

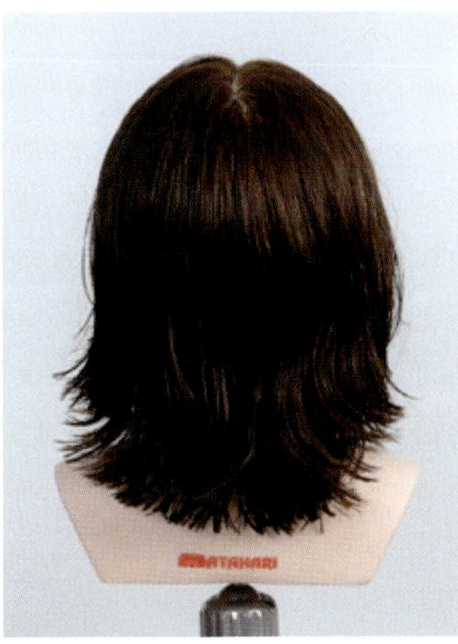

6-13. 커트된 뒷모습

6-14. 커트된 앞모습

(3) 세임 레이어 (Same Layer)

두상의 곡면으로 부터 90도와 on the base를 이용하여 두상과 동일한 형, 동일한 길이가 형성되며, 거친 질감이 표현되는 액티브한 이미지가 연출된다.

7) 수평파팅을 이용한 세임레이어

수평 파팅(Horizontal parting), 수평 라인(Horizontal Line), 손 위치는 파팅과 평행하게 하여 온더베이스(On the base), 수직(직각)빗질로 커트한다.

완성형-앞

완성형-옆(좌)

완성형-옆(우)

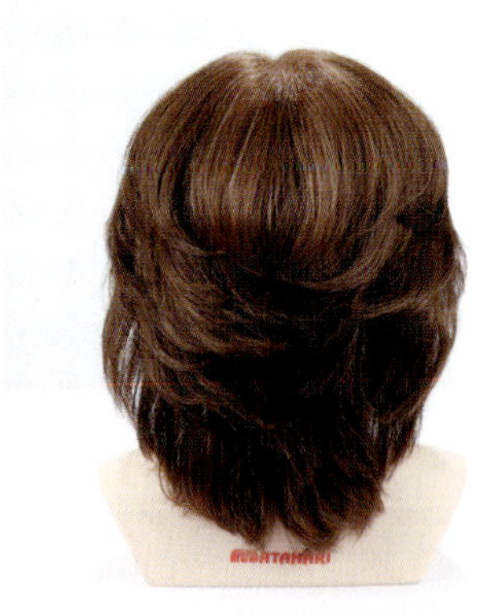

완성형-뒤

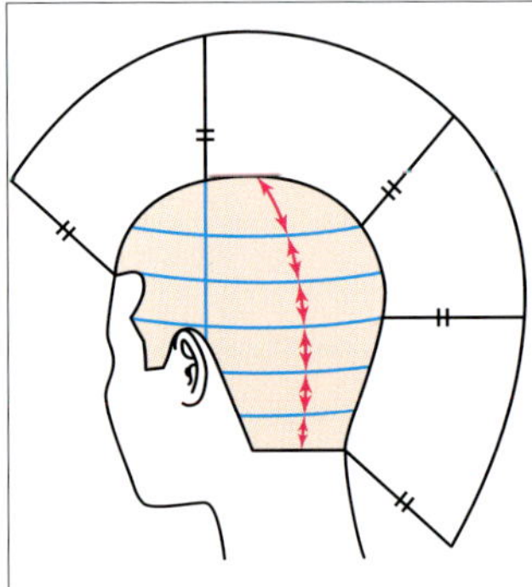

도해도

[커트 절차]

① 블로킹 : 4등분(정중선+측중선)
② 머리위치 : 똑바로
③ 섹션, 파팅 : 수평
④ 분배, 빗질 : 직각분배
⑤ 시술각 : 일반시술각 90˚
⑥ 손가락, 가위위치 : 섹션/파팅과 평행
⑦ 디자인라인 : 이동 디자인 라인

7-1. 센터, 이어투 이어라인으로 4브로킹 후 네이프 수평 파팅하여 가이드를 내려놓은 상태

7-2. 직각빗질 후 파팅과 손가락을 평행하게 하여 길이 가이드 설정

7-3. 왼쪽 두상의 곡면에 따라 직각빗질

7-4. 오른쪽 왼쪽과 동일

7-5. 양쪽 길이 체크

7-6. 두상의 곡면에서 90˚ 손가락 파팅과 평행하게 커트

7-7. 이동 디자인 라인 90˚

7-8. 백사이드 부분 90˚ 직각으로 빗질

7-9. 백부분 커트가 끝난 상태

7-10. 백 사이드의 가이드에 맞추어 사이드의 가이드 설정

7-11. 탑 부부 두상의 90˚ 직각 빗질

7-12. 왼쪽 사이드 두상의 90˚ 직각빗질

7-13. 오른쪽 사이드도 동일하게 커트 후 양쪽 길이 체크

7-14. 커트된 앞모습

8) 수직파팅을 이용한 세임레이어

수직 파팅(Vertical parting), 수직라인(Vertical Line), 손 위치는 파팅과 평행하게 하여 온더베이스(On the base), 수직(직각)빗질로 커트한다.

Tip : 두상의 곡면으로 부터 같은 길이가 형성되어 거친 질감을 표현하며 무게감을 나타내지 않는 액티브한 이미지가 보여진다.

완성형-앞

완성형-옆(좌)

완성형-옆(우)

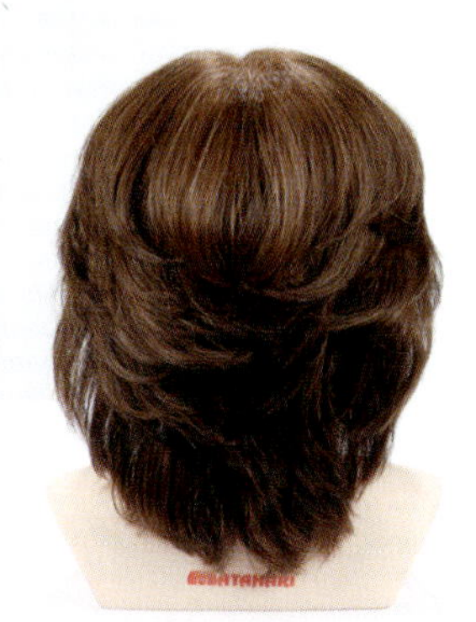

완성형-뒤

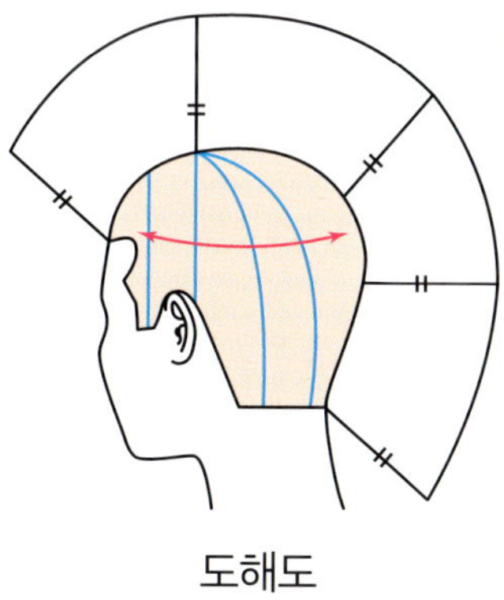

도해도

[커트 절차]

① 블로킹 : 4등분(정중선+측중선)
② 머리위치 : 똑바로
③ 섹션, 파팅 : 수직
④ 분배, 빗질 : 직각분배
⑤ 시술각 : 일반시술각 90°
⑥ 손가락, 가위위치 : 섹션/파팅과 평행
⑦ 디자인 라인 : 이동 디자인 라인

8-1. 센터에서 2cm폭으로 가이드 라인 설정

8-2. T/P에서 가이드 설정 직각빗질 두상의 곡면에 따라 90˚ 파팅과 손가락을 평행하게 커트(온더베이스)

8-3. T/P에서 90˚ 직각빗질(온더베이스) 손가락 평행

8-4. C/P에서 90˚ 직각빗질(온더베이스) 손가락 평행

8-5. G/P에서 90˚ 직각빗질(온더베이스) 손가락 평행

8-6. 두상의 곡면에 따라 90˚

8-7. 백포인트에서 90˚ 직각빗질(온더베이스) 손가락 평행

8-8. 네이프포인트에서 90˚ 직각빗질(온더베이스) 손가락 평행

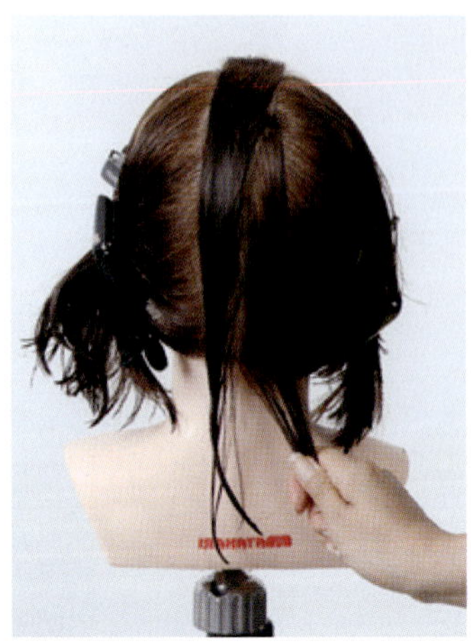

8-9. 두상의 곡면에 따라 방사선으로 파팅을 사선으로 나눔

8-10. 백사이드 부분의 방사선 파팅을 나눈 상태

8-11. 두상의 곡면에서 90˚ 직각 빗질(온더베이스) 손가락 평행

8-12. 사이드 부분의 90˚ 직각빗질(온더베이스) 손가락 평행

8-13. 왼쪽 방사선으로 사선 파팅을 나눔

8-14. 왼쪽도 동일하게 커트한 후 커트된 앞모습

(4) 하이 레이어 (High Layer)

일반 각도 90˚이상으로 커트되는 형으로 위에서 아래로 갈수록 모발이 길어짐으로 많은 단차가 생기는 스타일이다.

Tip : 단차가 많이 생기는 머리형으로 거친 질감을 표현하며 움직임의 표현이 많은 자유로운 이미지가 보여진다. 하이 레이어에는 고정 디자인 라인과 이동 디자인 라인으로 나누어진다.

a) 고정 디자인 라인

9) 얼굴을 기준으로 당겨서 커트(F/P 90˚)

얼굴의 정중선 방향으로 모아서 라인을 만들게 되면 뒤쪽으로 흐르는 후대각 라인이 된다. 수직 파팅(Vertical parting), 수직 라인(Vertical Line), 손 위치는 파팅과 비평행하게 하여 방향빗질로 커트한다.

Tip : 얼굴쪽으로 당겨서 커트한 스타일은 후대각 라인만 형성된다. 롱 헤어스타일에서 우대각 라인을 원하는 경우 활용할 수 있다.

완성형-앞

완성형-옆(좌)

완성형-옆(우)

완성형-뒤

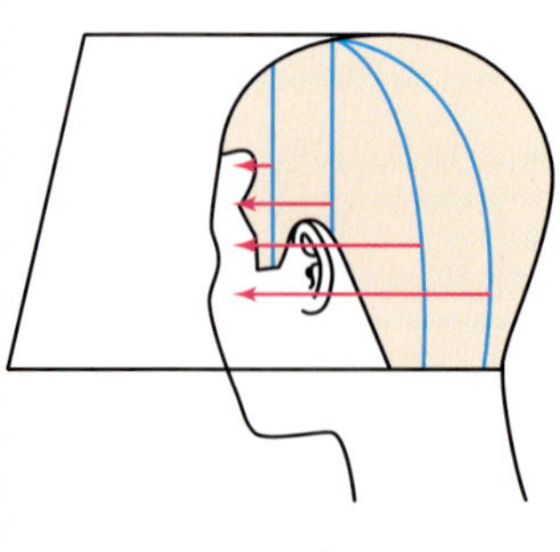

도해도

[커트 절차]

① 블로킹 : 4등분(정중선+측중선)
② 머리위치 : 똑바로
③ 섹션, 파팅 : 수직
④ 분배, 빗질 : 직각+방향 분배
⑤ 손가락, 가위위치 : 섹션/파팅과 비평행
⑥ 디자인 라인 : 고정 디자인 라인

9-1. 센터 브로킹을 나눈 모습

9-2. 센터 브로킹을 나눈후 앞머리 가이드 설정

9-3. 수직파팅 앞머리의 가이드와 연결하기 위해 손가락 비평행으로 커트

9-4. 직각빗질 손가락 비평행으로 커트하여 사이드 길이로 연장하여 커트

9-5. 오른쪽 가이드에 맞추어 직각 빗질 손가락을 비평행 커트

9-6. 동일한 기법으로 커트

9-7. 앞머리 가이드가 설정된 모습

9-8. 수직파팅 고정 디자인 라인으로 손가락 비평행 커트

9-9. 손가락을 비평행하여 슬라이드 커트 기법으로 커트

9-10. 얼굴쪽으로 고정 디자인 라인으로 슬라이드 커트 기법으로 진행

9-11. 고정 디자인 라인으로 비평행 커트

9-12. 왼쪽도 동일하게 진행 후 커트된 오른쪽 모습

9-13. 커트된 왼쪽 모습

9-14. 커트된 앞모습

10) 센타를 기준으로 당겨서 커트(C/P 90°)

센타의 정중선 방향으로 모아서 라인을 만들게 되면 뒤쪽으로 흐르는 후대각 라인과 후대각 층이 형성된다. 전대각 파팅(Diagonal Forward parting)과 방향빗질, 손 위치를 비평행하면 후대각의 하이 레이어형이 된다.

Tip : 얼굴 윗쪽으로 당겨서 커트한 스타일은 후대각 라인과 후대각층이 형성된다.
롱 헤어스타일에서 앞쪽에 단차를 원할 경우 활용할 수 있다.

완성형–앞

완성형–옆(좌)

완성형–옆(우)

완성형–뒤

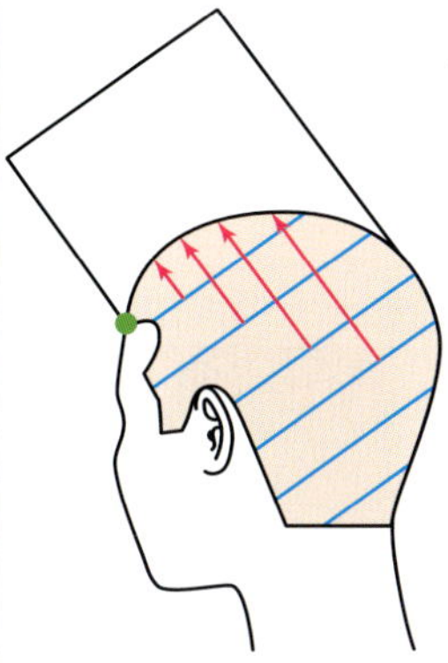

도해도

[커트 절차]

① 블로킹 : 2등분(정중선)
② 머리위치 : 똑바로
③ 섹션, 파팅 : 수직
④ 분배, 빗질 : Center를 기준으로 당겨서 커트
⑤ 손가락, 가위위치 : 섹션/파팅과 비평행
⑥ 디자인 라인 : 고정 디자인 라인

10-1. 센터 브로킹을 나눈 모습

10-2. 센터 브로킹을 나눈 후 C/P에서 90˚ 가이드 설정

10-3. C/P 90˚ 고정 디자인 라인 손가락 비평행 방향빗질 전대각 파팅

10-4. 센터쪽으로 방향빗질

10-5. C/P 90˚ 고정 디자인 라인 두상의 곡면에 따라 방향빗질

10-6. C/P 90˚ 고정 디자인 라인 손가락 비평행 방향빗질

10-7. C/P 90˚ 고정 디자인 라인 방향빗질

10-8. 커트된 왼쪽 모습

10-9. 오른쪽도 왼쪽과 동일 C/P 90˚ 고정 디자인 라인 손가락 비평행 방향빗질

10-10. C/P로 고정하여 커트

10-11. C/P 90 ˚ 로 방향빗질하여 고정하여 커트

10-12. 네이프에서부터 끌어모아 C/P 90 ˚ 로 고정하여 커트

10-13. 커트된 뒷모습

10-14. 커트된 앞모습

11) 백을 기준으로 당겨서 커트(B/P 90°)

백의 정중선 방향으로 모아서 수직으로 커트 하게 되면 앞쪽으로 흐르는 전대각라인과 전대각 완만한 층이 형성된다. 두상의 곡면에 흐르는 혼합형(하이 레이어+레이어+그래쥬에이션)의 다양한 스타일이 만들어진다.

Tip : 백쪽으로 당겨서 커트한 스타일은 전대각의 층으로 인해 백 부분의 볼륨과 사이드의 무게감으로 얼굴형의 단점과 두상의 골격을 보정하는 스타일로 마무리되므로 디자인에 활용도가 높다.

완성형-앞

완성형-옆(좌)

완성형-옆(우)

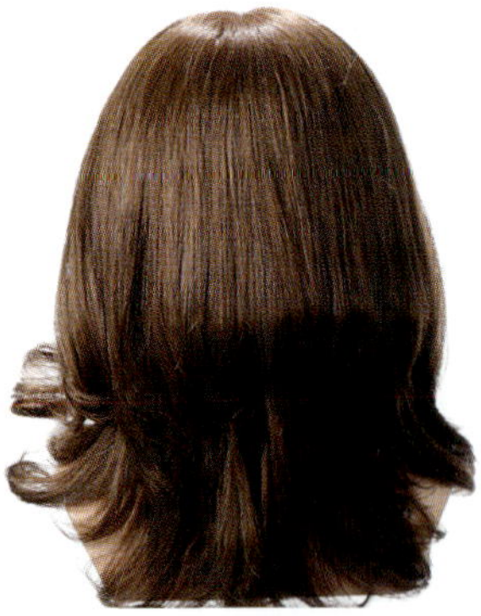

완성형-뒤

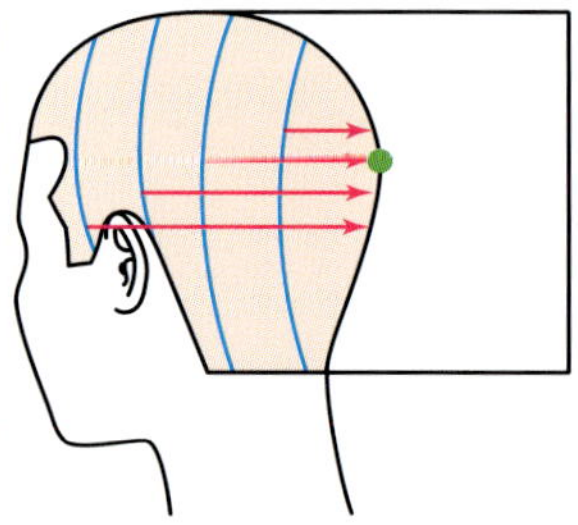

도해도

[커트 절차]

① 블로킹 : 2등분(정중선)

② 머리위치 : 똑바로

③ 섹션, 파팅 : 수직

④ 분배, 빗질 : Back을 기준으로 당겨서 커트

⑤ 손가락, 가위위치 : 섹션/파팅과 평행, 비평행

⑥ 디자인 라인 : 고정 디자인 라인

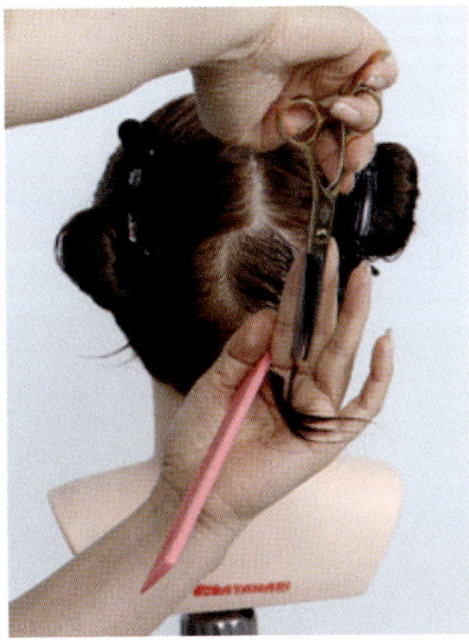

11-1. 센터브로킹을 나눈 후 백포인트에서 가이드 설정

11-2. 센터에서 90° 직각빗질 가이드 라인 설정 수직파팅

11-3. B/P로 고정 디자인 라인 방향빗질 스퀘어 커트

11-4. B/P로 90° 고정 디자인 라인

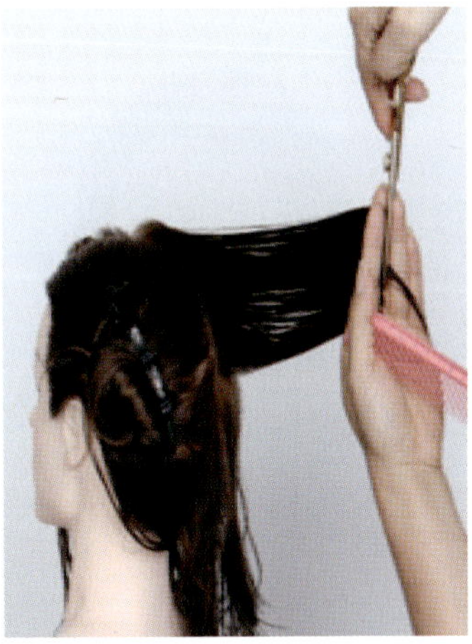

11-5. B/P로 고정 디자인 라인

11-6. 고정 디자인 라인 스퀘어 커트

11-7. B/P로 고정 디자인 라인 방향빗질 수직파팅

11-8. B/P로 고정 디자인 라인 스퀘어 커트(뒤로 똑바로)된 상태

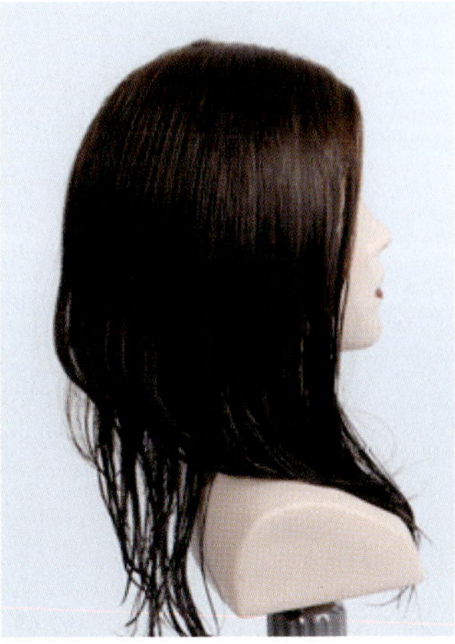

11-9. 오른쪽 커트가 끝난 상태

11-10. 왼쪽 고정 디자인 라인 스퀘어 커트 수직파팅

11-11.수직파팅으로 스퀘어 커트

11-12. 고정 디자인 라인 스퀘어 커트 수직파팅

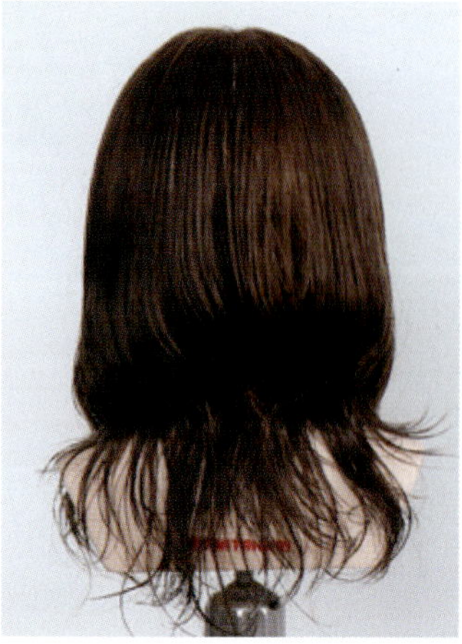

11-13. 커트된 뒷모습

11-14. 커트된 앞모습

12) 골덴을 기준으로 당겨서 커트(G/P 90˚)

골덴의 정중선의 방향으로 모아서 사각형으로 커트 하게 되면 앞쪽으로 흐르는 전대각라인과 급격한 전대각층이 형성된다. 두상의 곡면에 흐르는 혼합형(하이 레이어+레이어+그래쥬에이션)의 나양한 스타일이 만들어진다.

Tip : 골덴쪽으로 당겨서 커트한 스타일은 전대각의 백으로 당겨서 커트 한 스타일보다 급격층으로 인해 백 부분의 볼륨과 사이드의 무게감으로 얼굴형의 단점과 두상의 골격을 보정하는 스타일로 마무리되므로 다양한 헤어스타일에 응용되는 스타일이다.

완성형-앞

완성형-옆(좌)

완성형-옆(우)

완성형-뒤

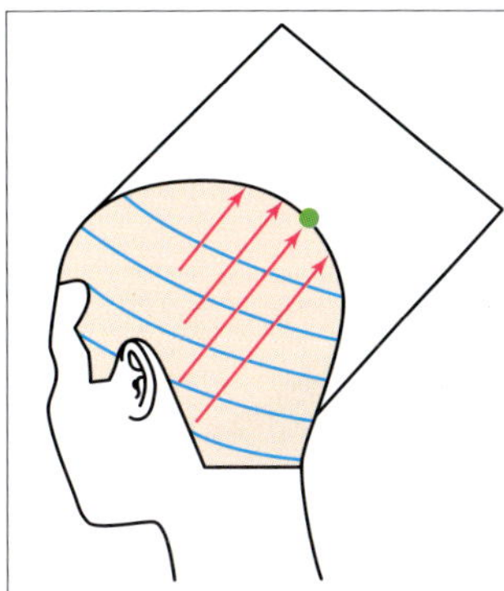

도해도

[커트 절차]

① 블로킹 : 2등분(정중선)
② 머리위치 : 똑바로
③ 섹션, 파팅 : 사선
④ 분배, 빗질 : Golden을 기준으로 당겨서 빗질
⑤ 손가락, 가위위치 : 섹션/파팅과 평행, 비평행
⑥ 디자인 라인 : 고정 디자인 라인

12-1. 센터 브로킹후 골든포인트 에서 가이드 설정

12-2. G/P90˚ 가이드 라인 설정 후대각 파팅

12-3. G/P90˚ 고정 디자인 라인 후대각 파팅 방향빗질

12-4. 스퀘어 라인으로 고정 디자 인 라인

12-5. 스퀘어 라인

12-6. G/P90˚ 고정 스퀘어 커트

12-7. G/P90˚ 고정 디자인 라인 방향빗질

12-8. G/P90˚ 고정 디자인 라인 방향빗질 스퀘어 커트

12-9. G/P90˚ 로 모아서 스퀘어 라인으로 커트

12-10. G/P90° 고정 디자인 라인

12-11. 왼쪽도 오른쪽과 동일

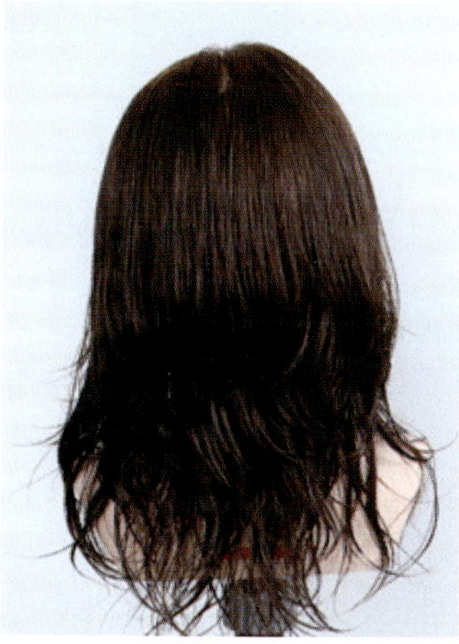

12-12. 커트된 뒷모습

12-13. 커트된 옆모습

12-14. 커트된 앞모습

13) 탑을 기준으로 당겨서 커트(T/P 90°)

탑의 정중선 방향으로 모아서 사각형으로 커트하게 되면 수평의 층이 형성된다. 두상의 곡면의 머리 다발들이 다양한 길이가 형성하므로 하이 레이어 된 층으로 보여진다.

Tip : 탑쪽으로 당겨서 커트한 스타일은 수평의 레이어드된 층이 형성함으로 샤기한 느낌의 가벼운 헤어스타일이며 활동적인 이미지의 스타일이다.

완성형–앞

완성형–옆(좌)

완성형–옆(우)

완성형–뒤

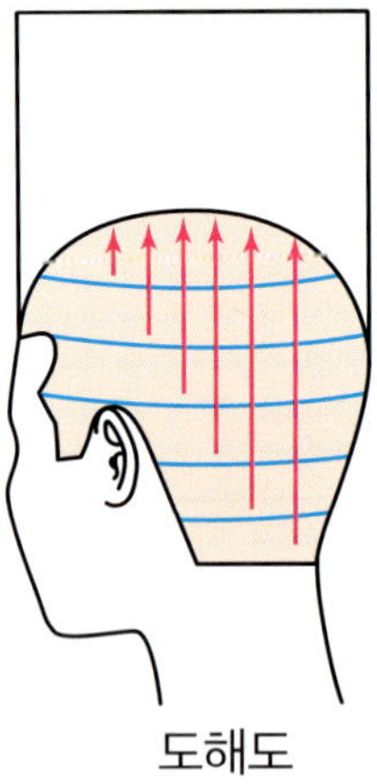

도해도

[커트 절차]

① 블로킹 : 2등분(정중선)
② 머리위치 : 똑바로
③ 섹션, 파팅 : 수평
④ 분배, 빗질 : Top으로 당겨서 빗질
⑤ 손가락, 가위위치 : 섹션/파팅과 평행, 비평행
⑥ 디자인 라인 : 고정 디자인 라인

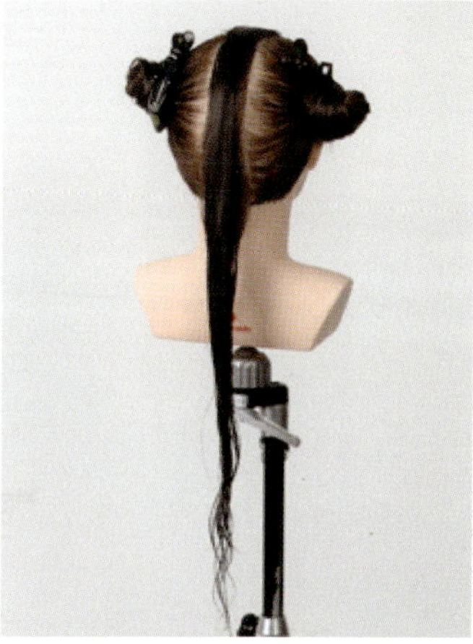

13-1. 센터 브로킹을 나눈후 2cm 폭으로 가이드 설정

13-2. T/P 90° 길이 가이드 설정

13-3. T/P에서 90° 수평 라인으로 온더베이스 길이 가이드 설정

13-4. 앞쪽으로 진행하면서 90° T/P길이 가이드에 맞추어 수평으로 평행하게 커트

13-5. C/P도 탑포인트 90°에 맞추어 평행하게 커트

13-6. T/P로 고정 디자인 라인

13-7. G/P도 탑과 평행하게 커트 온더베이스

13-8. T/P로 고정 방향빗질

13-9. 수평파팅 후 탑포인트를 향해 고정 디자인 라인 방향빗질

13-10. T/P90 ° 고정 디자인 라인 방향빗질

13-11. 오른쪽 헤어라인에 있는 모든 모발을 탑포인트로 고정 디자인 라인으로 커트 왼쪽도 동일하게 커트

13-12. 오른쪽 커트된 모습

13-13. 커트된 뒷모습

13-14. 커트된 앞모습

(5) 하이 레이어(이동디자인)

14) Golden으로 이동디자인

Golden을 중심으로 이동디자인할 경우 Golden의 길이가이드를 선정하여 방사선 파팅을 나눠 하이 레이어로 커트 한다.

Tip : 온더 베이스로 이동디자인된 하이 레이어형은 Golden을 중심으로 진행되기 때문에 빽쪽에는 후대각의 층으로 보여지고 사이드는 전대각의 층으로 형성되므로 가벼운 질감과 여성스러운 이미지의 헤어스타일이 보여진다.

완성형-앞

완성형-옆(좌)

완성형-옆(우)

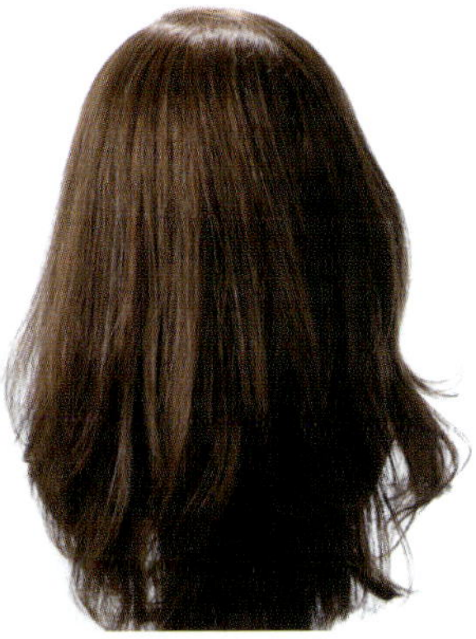

완성형-뒤

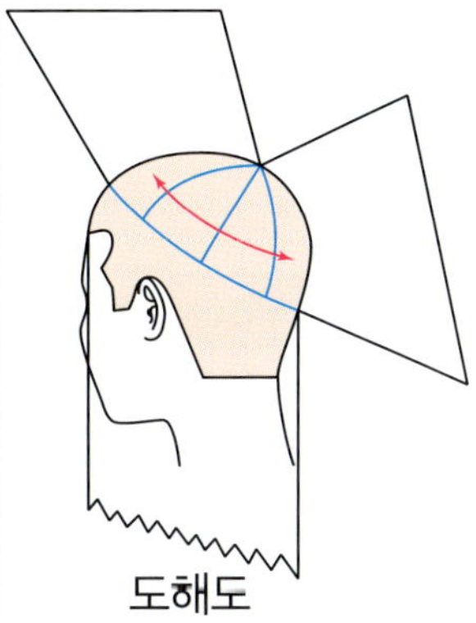

도해도

[커트 절차]

① 블로킹 : 2등분(정중선)
② 머리위치 : 똑바로
③ 섹션, 파팅 : 수평
④ 분배, 빗질 : Golden으로 고정
⑤ 손가락, 가위위치 : 섹션/파팅과 평행, 비평행
⑥ 디자인 라인 : 이동 디자인 라인

14-1. 센터브로킹 후 헤어라인을 내려놓은 상태

14-2. 헤어라인 3cm폭으로 브로킹을 나눔

14-3. 후대각 아웃라인 포인트커트 테크닉으로 커트

14-4. 직각빗질 후대각 라인 자연각도 0° 손가락을 평행하게 하여 커트

14-5. 직각빗질 후 후대각라인과 연결

14-6. 오른쪽도 왼쪽과 동일

14-7. 왼쪽 앞머리 가이드와 연결 커트

14-8. 아웃라인에 맞는 층의 길이 가이드 설정

14-9. 아웃라인과 층의 길이 가이드를 방사선 파팅하여 온더베이스

14-10. 하이 레이어로 되었는지 확인

14-11. 방사선 파팅 나누기 모습

14-12. 하이 레이어의 이동 디자인 시키면서 커트 방사선 파팅 온더 베이스

14-13. 오른쪽으로 이동 디자인 라인으로 하이 레이어커트 손가락은 비평행(포인트커트)

14-14. 왼쪽도 동일하게 진행 후 커트된 앞모습

15) Top으로 이동디자인

Top을 중심으로 이동디자인 할 경우 탑의 길이 가이드를 선정하여 수직과 방사선 파팅을 나눠 하이 레이어로 커트한다.

Tip : 온더 베이스로 이동디자인 된 하이 레이어형은 탑을 중심으로 진행되기 때문에 탑쪽에서부터 층이 형성되므로 가벼운 질감과 액티브한 헤어스타일이 보여진다.

완성형-앞

완성형-옆(좌)

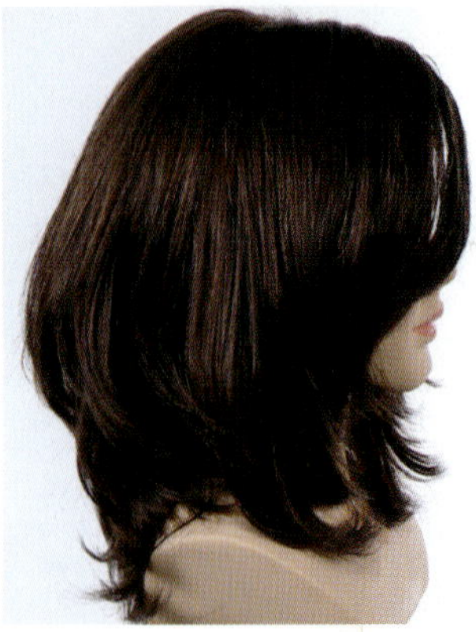

완성형-옆(우)

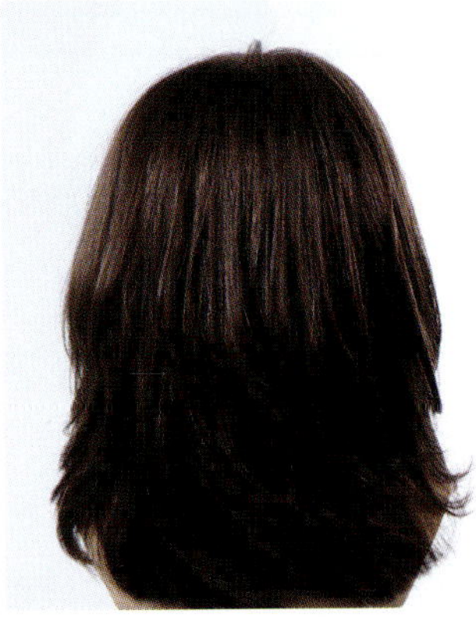

완성형-뒤

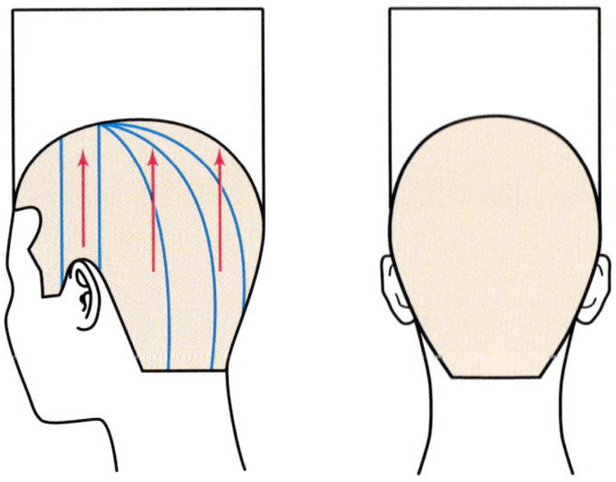

도해도

[커트 절차]

① 블로킹 : 2등분(정중선)

② 머리위치 : 똑바로

③ 섹션, 파팅 : 수직

④ 분배, 빗질 : Top으로 고정

⑤ 손가락, 가위위치 : 섹션/파팅과 평행, 비평행

⑥ 디자인 라인 : 이동 디자인 라인

15-1. 센터 2cm폭으로 브로킹 가이드 설정

15-2. T/P90 ° 길이 가이드 설정 온더베이스

15-3. 네이프 부분을 탑으로 끌어올려 T/P90 ° 길이 가이드에 맞추어 평면커트

15-4. 탑 가이드에 맞추어 평면커트

15-5. 센터 부분도 탑 가이드에 맞추어 평면커트

15-6. 두상의 곡면에 따라 방사선 파팅으로 이동

15-7. 탑의 가이드에 맞추어 이동 디자인 라인으로 평면커트(온더베이스)

15-8. 탑으로 끌어올려 이동 디자인 라인으로 커트(온더베이스)

15-9. 탑으로 끌어올려 평면커트(온더베이스)

15-10. 방사선 섹션으로 이동 가이드 라인 탑 길이에 맞추어 평면커트(온더베이스)

15-11. 앞머리 수직섹션 이동 가이드 라인(온더베이스)

15-12. 커트된 오른쪽 모습

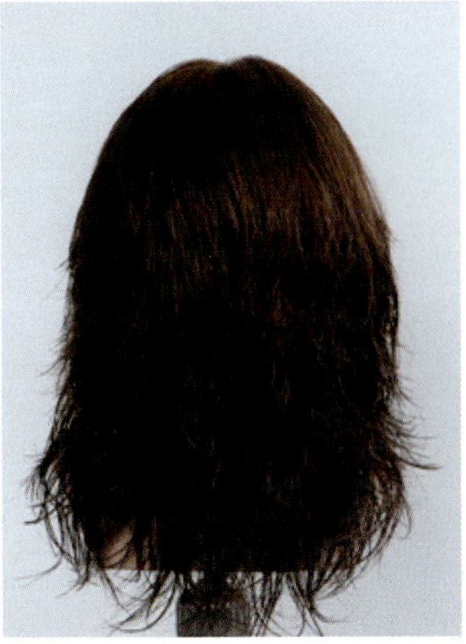

15-13. 커트된 뒷모습

15-14. 커트된 앞모습

2. 혼합형 커트

1) 하이레이어+그래쥬에이션

2)스퀘어+그래쥬에이션

3) 스퀘어+하이레이어

4) 하이레어어+스퀘어

5) 하이레이어+하이레이어

6) 하이레이어+세임레이어

7) 래쥬에이션+세임레이어

8) 그래쥬에이션+ 하이레이어

9) 하이레이어+레이어+그래쥬에이션

10) 미듐형

11) 원랭스+그래쥬에이션

12) 원랭스+그래쥬에이션

13) 숏트형

14) 숏트형2 (그래쥬에이션과 하이레이어)

15) 롱헤어1

16) 롱헤어2

17) 롱헤어3

18) 미듐형

19) 보브형1

20) 보브형2

2. 혼합형 커트

헤어커트의 4가지 기본형을 응용한 혼합형

고객의 헤어스타일은 다양한 혼합형으로 이루어져 있다. 혼합의 형태는 기본형 각각의 형태나 질감의 특징들을 파악하여 혼합하게 되는데 이때 어떠한 이미지를 생각하고 혼합하여야 하기 때문에 다음의 몇 가지 포인트를 잘 기억해야 한다.

① 모발의 길이

혼합된 헤어스타일을 만들 때는 모발의 길이에 따라 다양한 이미지의 헤어스타일이 보여진다.

② 길이의 기준(10가지 길이 기준)

㉠ 페이스라인(앞이마 라인)
㉡ 눈썹 라인
㉢ 눈 라인
㉣ 귀 윗 라인
㉤ 귀 볼 라인
㉥ 턱 선 라인
㉦ 목선 라인
㉧ 어깨 선 라인
㉨ 견갑골 라인
㉩ 허리 라인

③ 혼합의 비율

혼합된 비율은 상 · 하로 혼합할 경우 두상에서 1/2등분, 1/3등분, 1/4등분에 따라 혼합하며 좌 · 우로 조합할 경우 센터 섹션과 이어투이어 라인 섹션으로 조합하는 경우가 있다.

■ 상 · 하 혼합 :

원랭스, 그래쥬에이션, 세임 레이어, 하이 레이어 (각각의 기본형과 혼합할 경우 16가지의 혼합된 헤어스타일이 보여진다.)

① 원랭스 + 원랭스

② 그래쥬에이션 + 그래쥬에이션

③ 세임 레이어 + 세임 레이어

④ 하이 레이어 + 하이 레이어

⑤ 그래쥬에이션 + 세임 레이어

⑥ 그래쥬에이션 + 하이 레이어

⑦ 세임 레이어 + 그래쥬에이션

⑧ 세임 레이어 + 하이 레이어

⑨ 하이 레이어 + 그래쥬에이션

⑩ 하이 레이어 + 세임 레이어

⑪ 원랭스 + 그래쥬에이션

⑫ 원랭스 + 세임 레이어

⑬ 원랭스 + 하이 레이어

⑭ 그래쥬에이션 + 원랭스

⑮ 세임 레이어 + 원랭스

⑯ 하이 레이어 + 원랭스

혼합형 예시

1) Onelength + High layer / Layer (=square) / Graduation

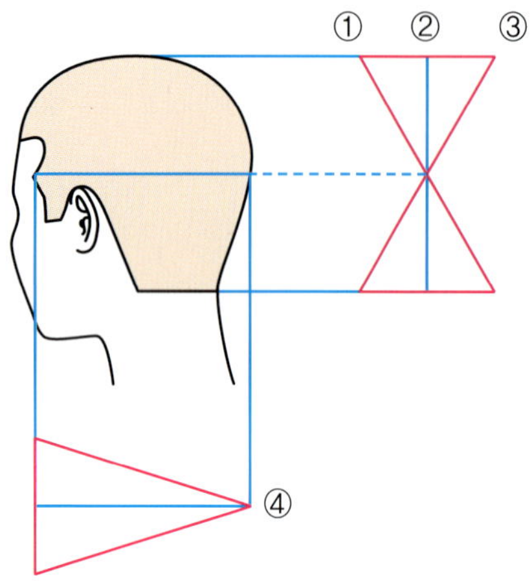

① High layer
② Layer (=square)
③ Graduation
④ Onelength

2) High Layer. Layer (-Square)
Graduation

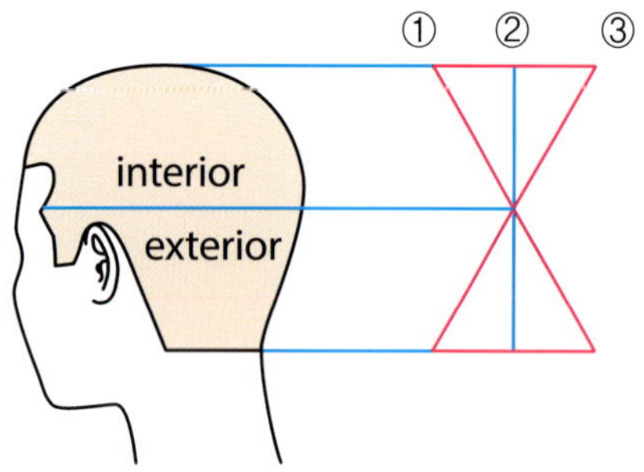

① High layer
② Layer (=square)
③ Graduation
④ High Layer① + Graduation③
⑤ High Layer① + Layer② (=square)
⑥ Layer② (=square) + Graduation③
⑦ Layer② (=square) + High Layer①
⑧ Graduation③ + Layer② (=square)
⑨ Graduation③ + High Layer①

뒤쪽으로 혼합형의 예시

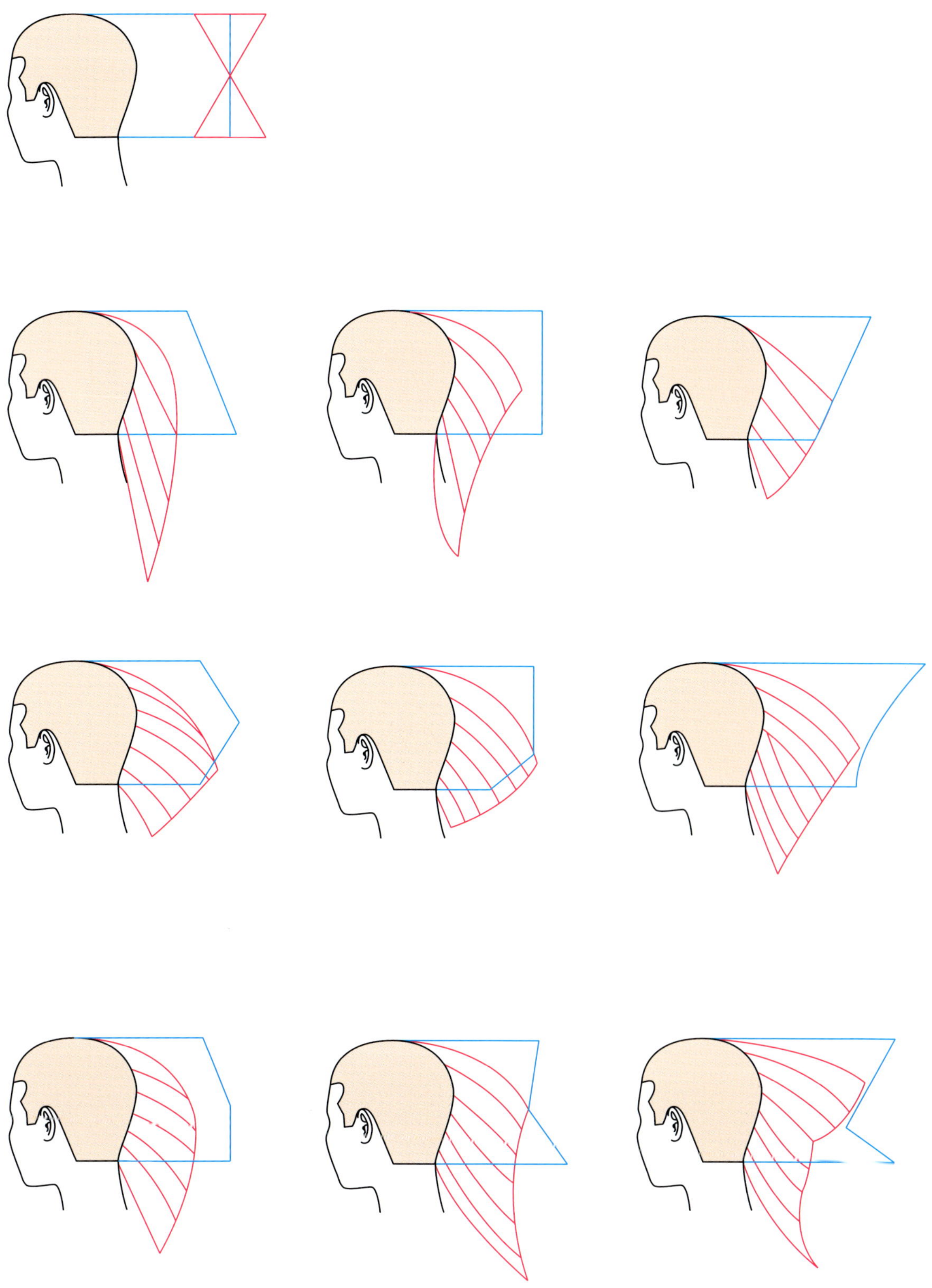

앞쪽으로 혼합형의 예시

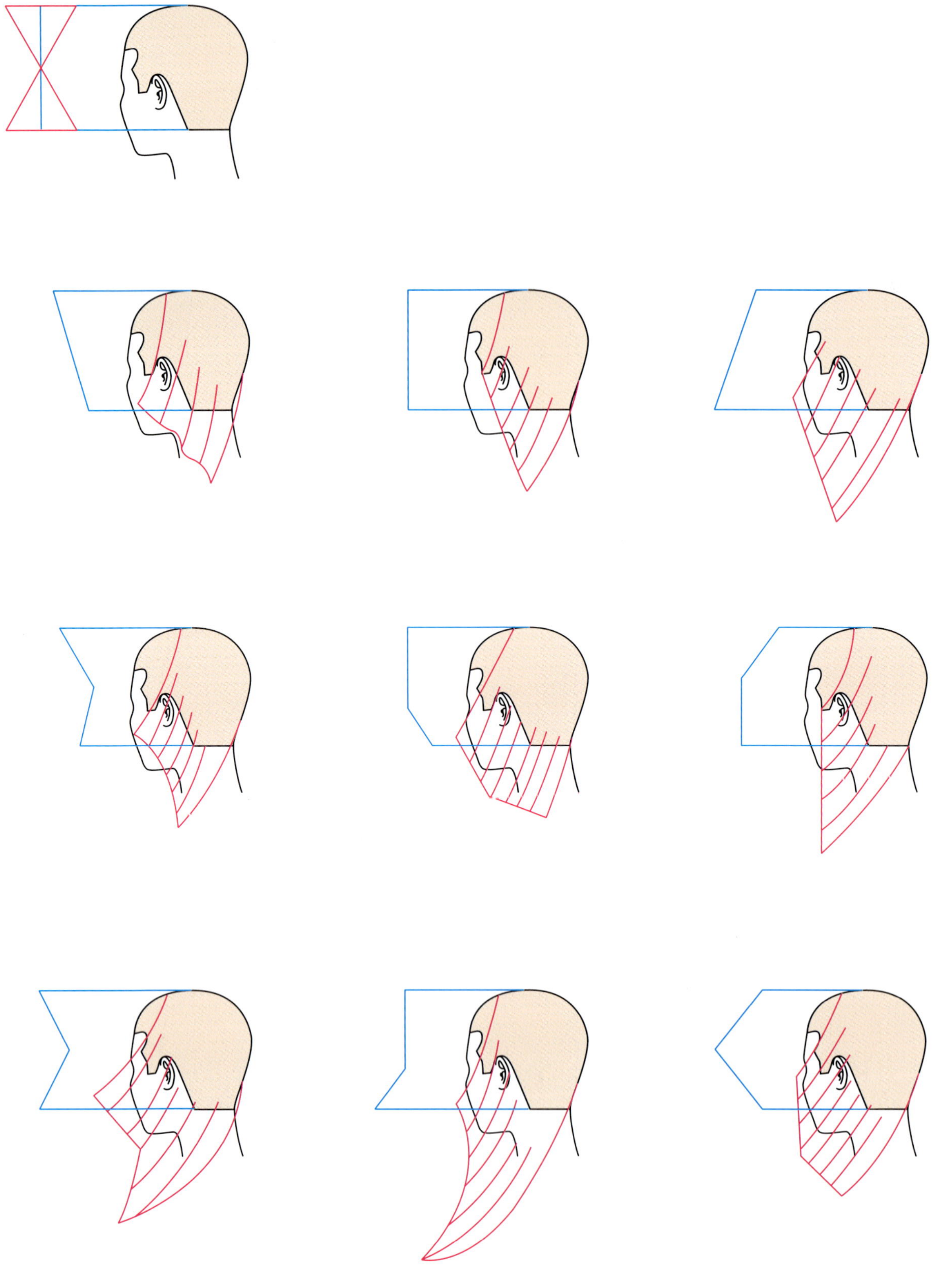

■ **좌 · 우 혼합 :**

베이스의 혼합으로 (온 더 베이스, 사이드 베이스, 오프 더 베이스를 혼합할 경우 9가지의 조합된 헤어스타일이 보여진다.)

① 온 더 베이스 + 온 더 베이스(Convex형)
② 온 더 베이스 + 사이드 베이스
③ 온 더 베이스 + 오프 더 베이스
④ 사이드 베이스 + 사이드 베이스(Concave형)
⑤ 사이드 베이스 + 온 더 베이스
⑥ 사이드 베이스 + 오프 더 베이스
⑦ 오프 더 베이스 + 오프 더 베이스
⑧ 오프 더 베이스 + 온 더 베이스
⑨ 오프 더 베이스 + 사이드 베이스

(1) 하이레이어 + 그래쥬에이션

완성형-앞

완성형-옆(좌)

완성형-옆(우)

완성형-뒤

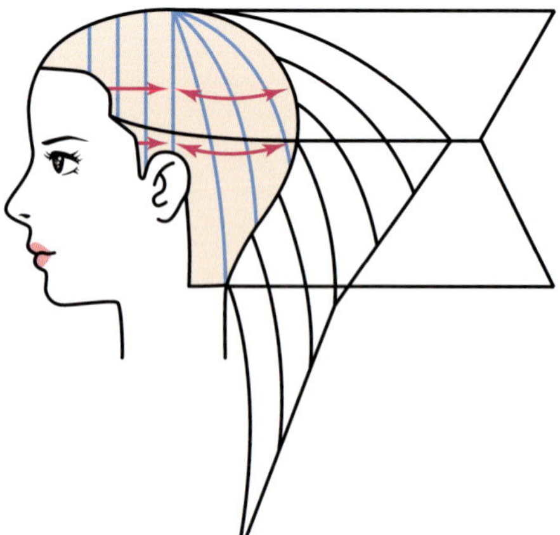

도해도

1-1. 크레스트라인 2브로킹,인테리어와 엑스테리어로 나눔

1-2. 앞머리 브로킹

1-3. 센타 2cm중심 센타파팅

1-4. 손가락을 비평행 하이레이어 커트

1-5. 이동디자인으로 커트

1-6.하이레이어 확인

1-7. 왼쪽으로 이동디자인

1-8. 같은 방법으로 진행

1-9. 온더베이스로 확인

1-10. 사이드 부분은 이어투 이어 라인 고정디자인

1-11. 왼쪽 커트완성

1-12. 오른쪽도 동일한 방법 진행

1-13. 이동디자인으로 커트

1-14. 하이 레이어로 커트

1-15. 사이드 부분은 고정디자인 커트

1-16. 엑스테리어 부분 커트완성

1-17. 인테리어 부분은 센타 2cm 중심 센타파팅

1-18. 손가락을 비평행 그래쥬에 이션 커트

1-19. 컨케이브라인 확인

1-20. 왼쪽 이동디자인으로 진행

1-21. 사이드 부분을 수직 파팅

1-22. 왼쪽사이드부분은 고정 디자인 커트

1-23. 나머지 부분 고정 디자인

1-24. 왼쪽으로 커트완성

1-25. 오른쪽도 동일하게 진행

1-26. 이동디자인 커트

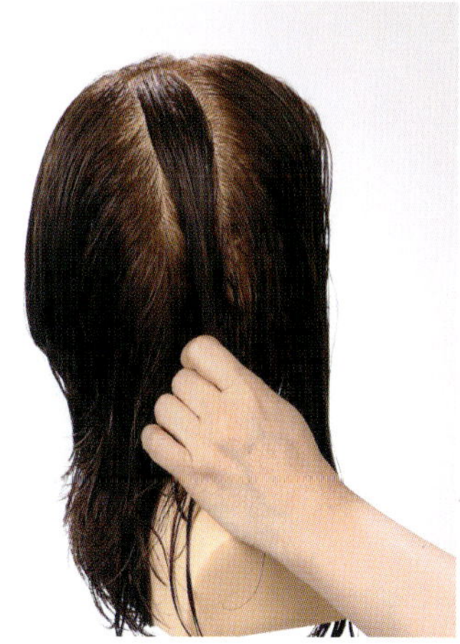

1-27. 왼쪽으로 이동디자인 파팅

1-28. 그래쥬에이션 커트

1-29. 오른쪽 사이드부분 고정 디자인 커트

1-30. 오른쪽으로 커트완성

1-31. 앞 가르마를 나눈 후 사이드와 연결

1-32. 반대 사이드도 연결

1-33. 무거운 부분에 인커브 슬라이싱 질감처리

1-34. 사이드부분 동일한 질감처리

1-35. 앞모습 커트완성

1-36. 왼쪽 커트완성

1-37. 뒷쪽 커트완성

1-38. 오른쪽 커트완성

1-39. 앞모습

1-40. 왼쪽모습

1-41. 뒷쪽모습

1-42. 오른쪽모습

(2) 스퀘어 + 그래쥬에이션

완성형–앞

완성형–옆(좌)

완성형–옆(우)

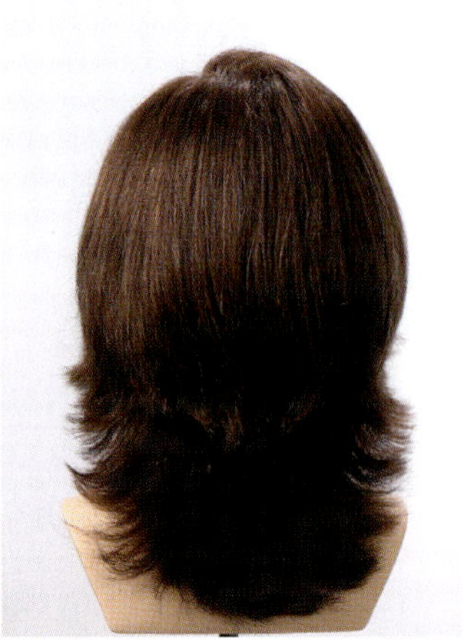

완성형–뒤

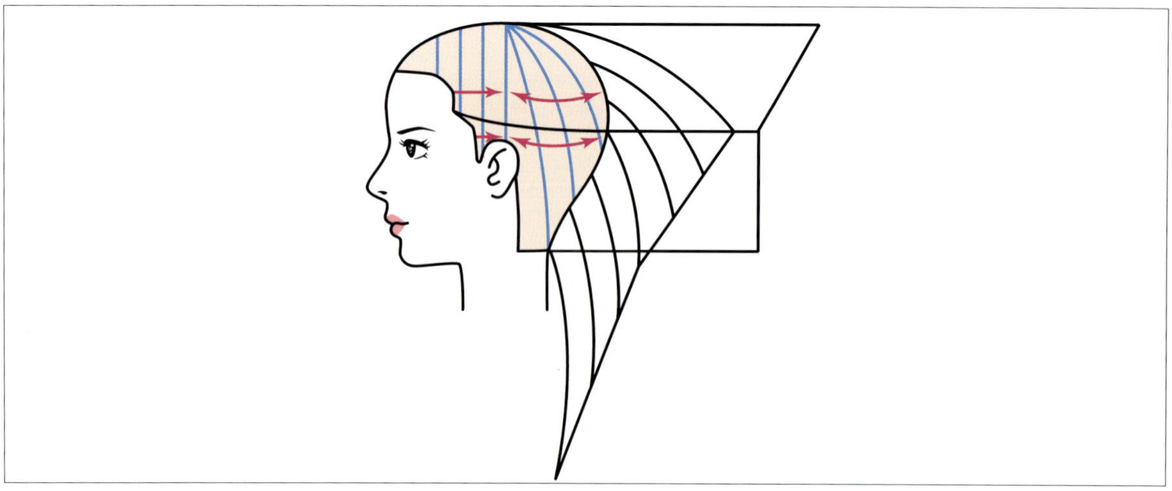

도해도

2-1. 크레스트라인으로 2브로킹, 인테리어와 엑스테리어로 나눔

2-2. 엑스테리어부분 센터 2cm중심 파팅 뒤로 똑바로 커트

2-3. 뒤로 똑바로 체크커트

2-4. 이동디자인 온더베이스 스퀘어커트

2-5. 백사이드 이동디자인

2-6. 이어 투 이어라인 고정디자인

2-7. 왼쪽 인테리어존이 커트완성

2-8. 오른쪽 동일한 방법 커트

2-9. 뒤로 똑바로 스퀘어 커트

2-10. 이동디자인 온더베이스

2-11. 백사이드까지 이동디자인

2-12. 오른쪽도 이어 투 이어라인 고정디자인

2-13. 오른쪽 엑스테리어존이 커트완성

2-14. 뒷부분의 엑스테리어존이 커트완성

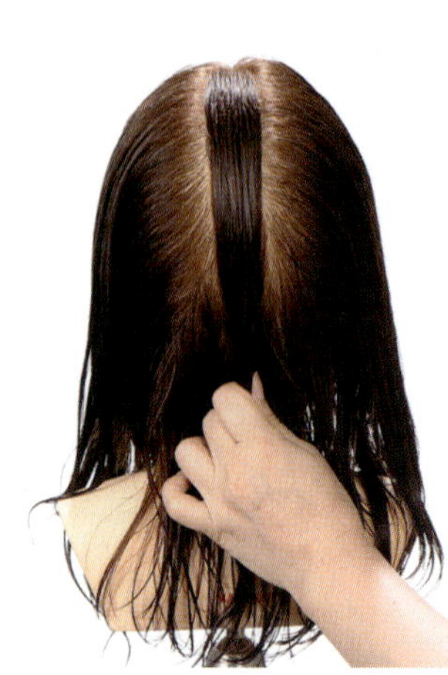

2-15. 인테리어 부분은 센타 2cm 중심 센타파팅

2-16. 손가락을 비평행 그래쥬에이션 커트

2-17. 왼쪽으로 이동디자인 상태

2-18. 사이드 부분을 수직파팅

2-19. 왼쪽사이드 부분 고정 디자인 커트

2-20. 나머지 부분도 고정 디자인

2-21. 오른쪽도 동일하게 진행

2-22. 이동디자인으로 커트

2-23. 왼쪽으로 이동디자인

2-24. 그래쥬에이션 커트

2-25. 오른쪽 사이드부분 고정 디자인 커트

2-26. 백 부분의 커트완성

2-27. 왼쪽부분의 커트완성

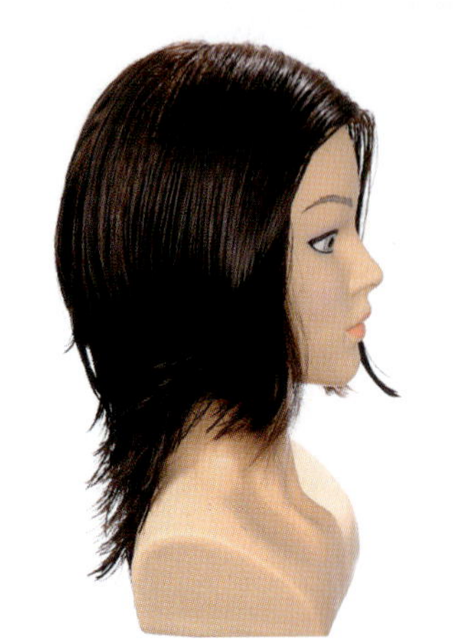

2-28. 오른쪽부분의 커트완성

2-29. 앞쪽부분의 커트완성

2-30. 앞모습

2-31. 왼쪽모습

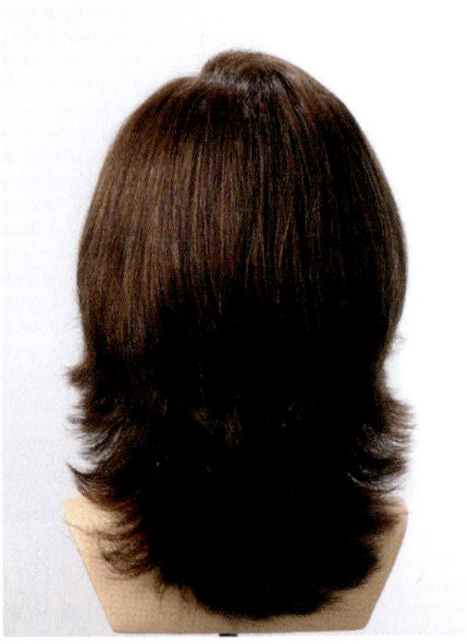

2-32. 뒷쪽모습

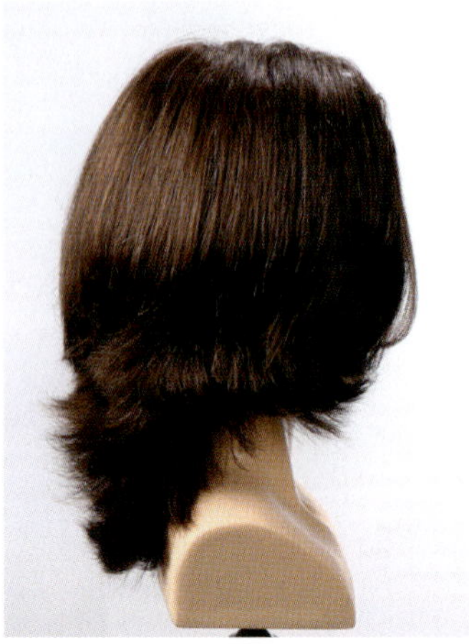

2-33. 오른쪽모습

(3) 스퀘어 + 하이레이어

완성형-앞

완성형-옆(좌)

완성형-옆(우)

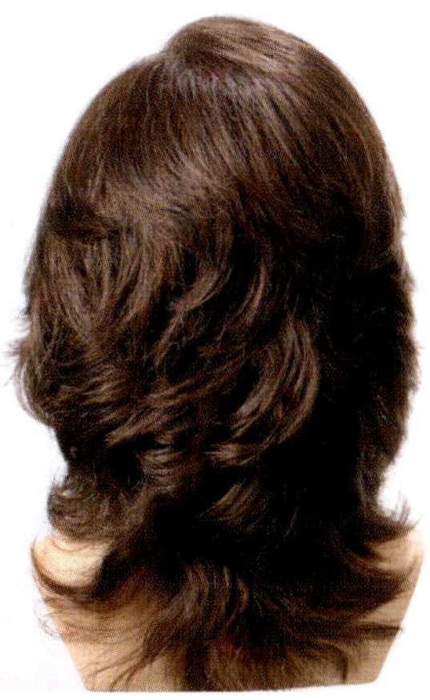

완성형-뒤

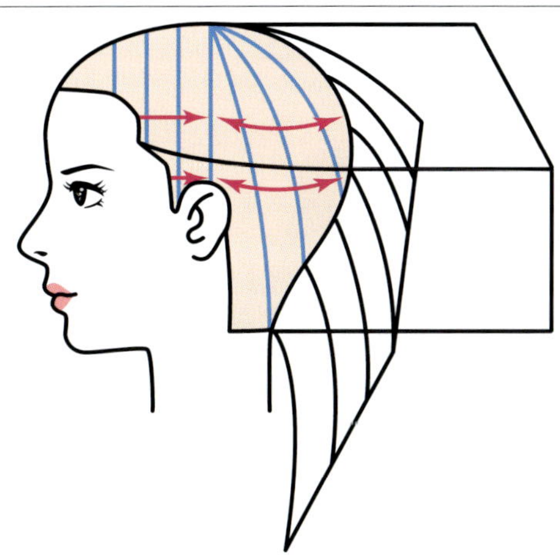

도해도

3-1. 크레스트라인으로 2브로킹,인테리어와 엑스테리어로 나눔

3-2. 엑스테리어부분 센터 2cm 중심 파팅한 후 뒤로 똑바로 커트

3-3. 뒤로 똑바로 체크커트

3-4. 이동디자인 온더베이스 스퀘어커트

3-5. 백사이드 이동디자인

3-6. 이어 투 이어라인 고정디자인

3-7. 왼쪽 인테리어존 커트완성

3-8. 오른쪽 동일한 방법 커트

3-9. 뒤로 똑바로 스퀘어 커트

3-10. 이동디자인 온더베이스

3-11. 백사이드 이동디자인

3-12. 오른쪽도 이어 투 이어라인 고정디자인

3-13. 오른쪽 엑스테리어존 커트 완성

3-14. 뒷부분 엑스테리어존 커트 완성

3-15. 인테리어존 손가락 비평행 온더베이스

3-16. 블런트커트 커트

3-17. 손동작 비평행 커트

3-18. 비평행 커트 확인

3-19. 엑스테리어 스퀘어 연결 확인

3-20. 이동디자인 커트

3-21. 백사이드 이동디자인

3-22. 온더베이스 비평행커트

3-23. 사이드 이어 투 이어라인 고정디자인

3-24. 왼쪽 커트완성

3-25. 센타 가이드 온더베이스 이동디자인 커트

3-26. 오른쪽 동일 커트

3-27. 백사이드 부분 온더베이스

3-28. 오른쪽 사이드 이어 투 이어라인 고정디자인

3-29. 백 커트완성

3-30. 오른쪽 커트완성

3-31. 왼쪽 커트완성

3-32. 앞쪽 커트완성

3-33. 앞모습

3-34. 오른쪽모습

3-35. 뒷모습

3-36. 왼쪽모습

(4) 하이레이어 + 스퀘어

완성형–앞

완성형–옆(좌)

완성형–옆(우)

완성형–뒤

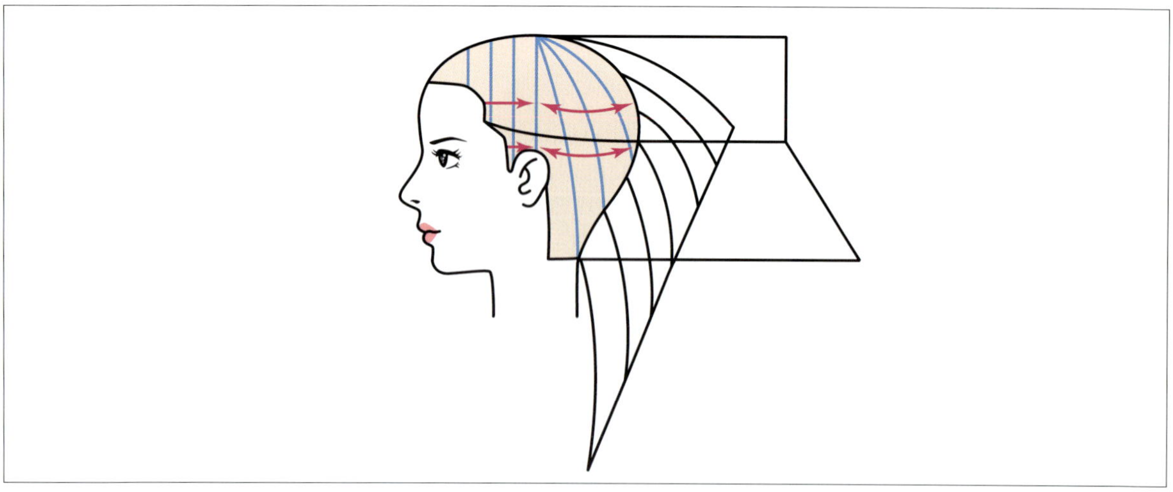

도해도

4-1. 크레스트라인 2브로킹 한 모습 ,인테리어와 엑스테리어로 나눔

4-2. 앞모습 브로킹

4-3. 센타 2cm중심 센타파팅

4-4. 손가락 비평행 하이레이어 커트

4-5. 이동디자인커트

4-6. 하이레이어 확인

4-7. 왼쪽 이동디자인

4-8. 같은 방법 진행

4-9. 온더베이스 확인

4-10. 사이드 부분 이어투 이어라인 고정디자인

4-11. 왼쪽 커트 완성

4-12. 오른쪽 동일 방법 진행

4-13. 이동디자인 커트

4-14. 하이 레이어 커트

4-15. 사이드 부분 고정디자인 커트

4-16. 엑스테리어 부분 커트완성

4-17. 엑스테리어 가이드 뒤로 똑바로 스퀘어커트

4-18. 온더베이스 위가 길어지게 그래쥬에이션

4-19. 아래가이드와 스퀘어라인 확인

4-20. 이동디자인 온더베이스

4-21. 백사이드 동일 커트

4-22. 이어투 이어라인 맞추어 고정디자인

4-23. 반대편 동일 커트

4-24. 온더베이스 이동디자인

4-25. 오른쪽 사이드 이어투 이어라인 맞추어 고정디자인

4-26. 커트된 왼쪽모습

4-27. 커트된 오른쪽모습

4-28. 커트된 뒷쪽모습

4-29. 커트된 앞쪽모습

4-30. 앞모습

4-31. 왼쪽모습

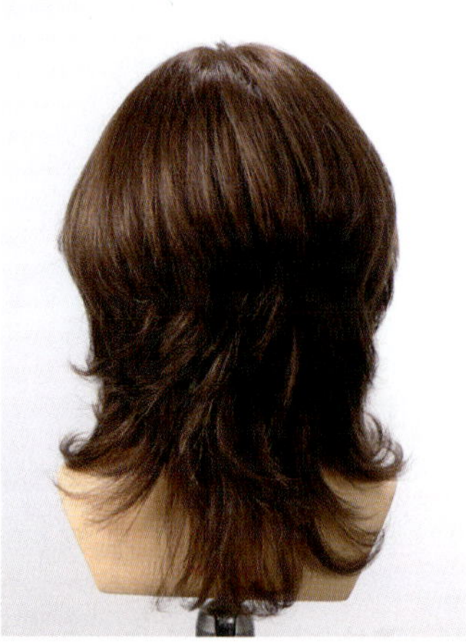

4-32. 뒷쪽모습

4-33. 오른쪽모습

(5) 하이레어어 + 하이레이어

완성형–앞

완성형–옆(좌)

완성형–옆(우)

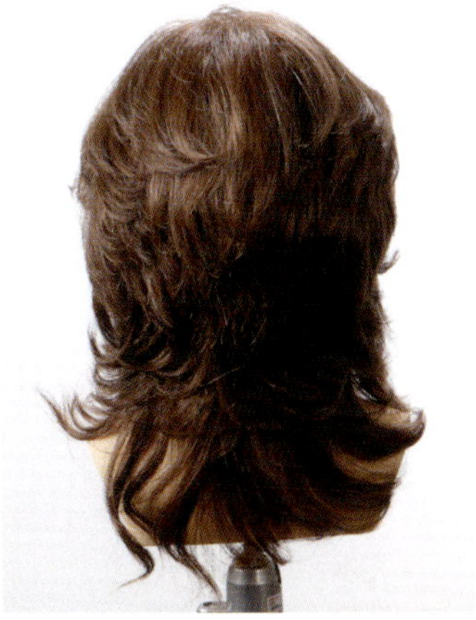

완성형–뒤

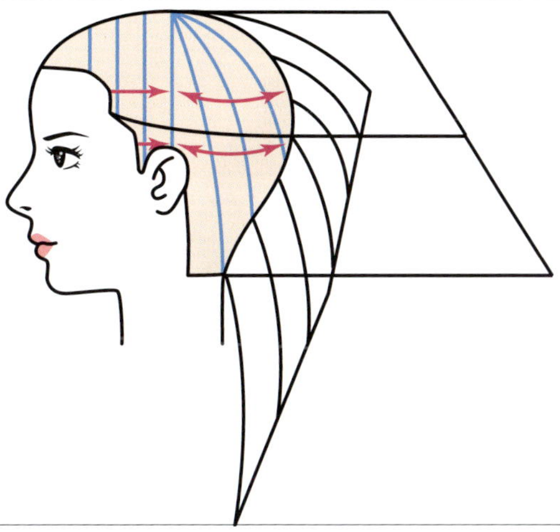

도해도

5-1. 크레스트라인으로 2브로킹 한 모습, 인테리어와 엑스테리어로 나눔

5-2. 브로킹된 앞모습

5-3. 센타 2cm중심센타파팅

5-4. 손가락을 비평행 하이레이어 커트

5-5. 이동디자인 커트

5-6. 하이레이어 확인

5-7. 왼쪽으로 이동디자인

5-8. 같은 방법 진행

5-9. 동일한 길이인지 크로스 확인

5-10,11. 사이드 부분은 이어투 이어라인 고정디자인

5-12. 왼쪽 커트된 모습

5-13. 오른쪽 동일한 방법 진행

5-14. 이동디자인 커트

5-15. 하이 레이어로 커트

5-16. 사이드 부분 고정디자인 커트

5-17. 엑스테리어 부분 커트완성

5-18. 인테리어존 손가락 비평행 온더베이스

5-19. 블런트커트 커트

5-20. 손동작 비평행 커트

5-21. 비평행 체크커트

5-22. 이동디자인으로 커트

5-23. 백사이드 이동디자인

5-24. 온더베이스 비평행커트

5-25. 사이드 이어 투 이어라인 고정디자인

5-26. 왼쪽 커트완성

5-27. 센타 가이드 온더베이스 이동디자인 커트

5-28. 오른쪽 동일 커트

5-29. 백사이드 부분 온더베이스

5-30. 오른쪽 사이드 이어 투 이어라인 고정

5-31. 앞모습 커트완성

5-32. 왼쪽 커트완성

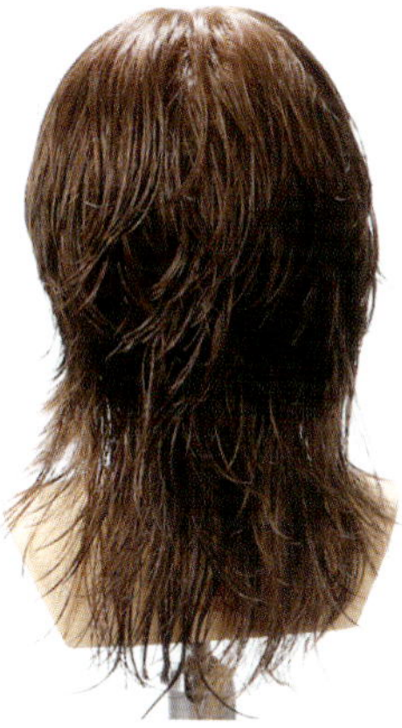

5-33. 뒷쪽 커트완성

5-34. 오른쪽 커트완성

5-35. 앞모습

5-36. 오른쪽모습

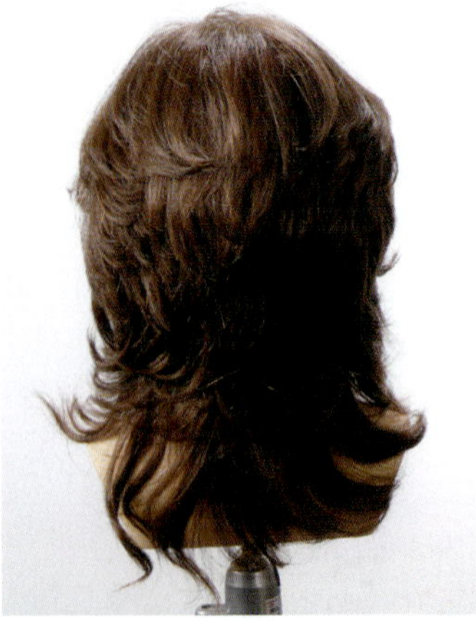

5-37. 뒷모습

5-38. 왼쪽모습

(6) 하이레이어 + 세임레이어

하이 레이어와 세임 레이어의 혼합형은 두상의 곡면 따라서 원형의 형태선과 층이 많아진 스타일이다.

Tip : 크라운의 볼륨을 형성함으로써 층의 길이를 증가하여 활동적이면서도 여성스러움을 강조하는 스타일이다.

완성형-앞

완성형-옆(좌)

완성형-옆(우)

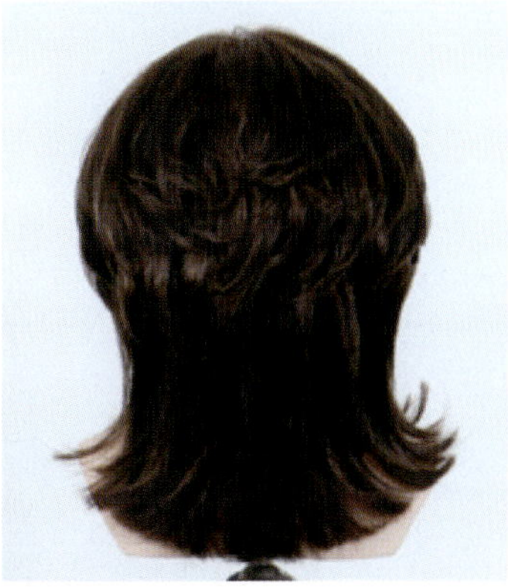
완성형-뒤

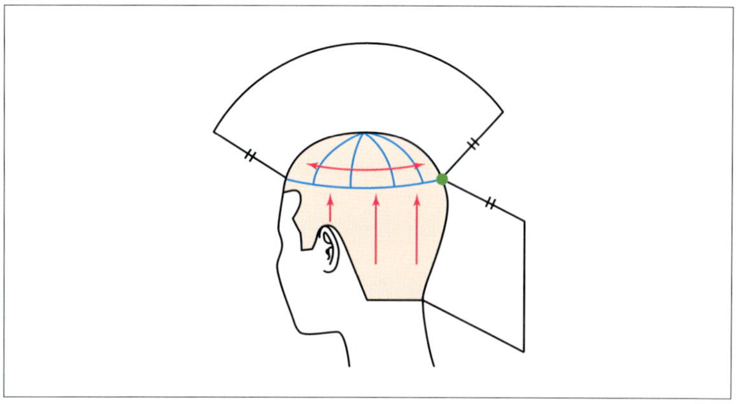
도해도

6-1. 크레스트 라인으로 섹셔닝

6-2. 업 베이스로 모아 블런트

6-3. 업 베이스로 이동하면서 진행

6-4. 하이 레이어로 커트된 모습

6-5. 왼쪽도 업 베이스로 진행

6-6. 동일한 방법으로 블런트 커트

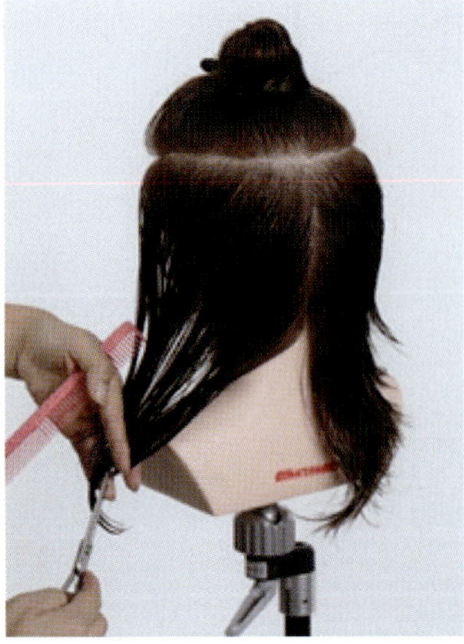

6-7. 아웃라인을 후대각으로 포인트커트

6-8. 라인과 길이 체크

6-9. 오른쪽 라인과 길이 체크

6-10. 엑스테리어 부분이 커트된 모습

6-11. 인테리어 부분을 세로 섹션을 나눈 모습

6-12. 길이 가이드에 맞추어 세임 레이어 커트

6-13. 두상에서 90˚ 세임 레이어로 커트

6-14. 센터 부분을 세임레이어로 가이드 설정

6-15. 같은 방법으로 방사선 파팅 진행

6-16. 두상에서 90˚ 세임 레이어로 진행

6-17. 두상에서 90˚ 세임 레이어로 진행

6-18. 커트된 오른쪽 모습

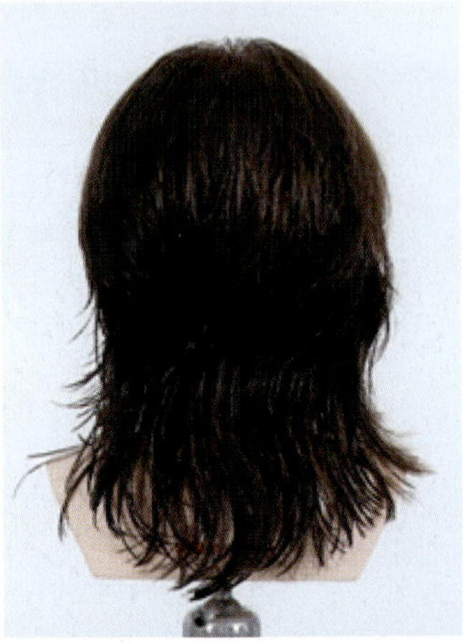

6-19. 커트된 뒷 모습

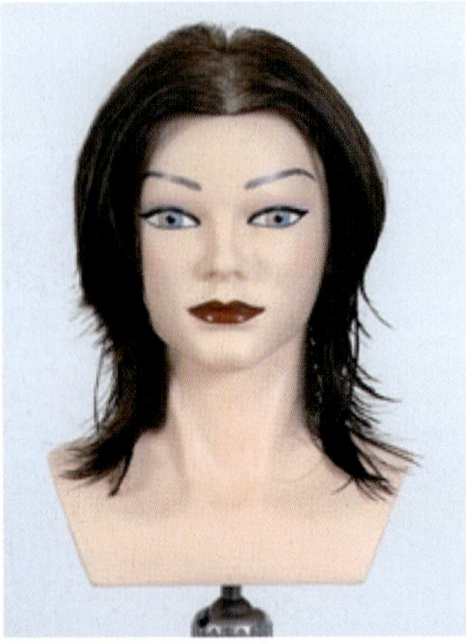

6-20. 커트된 앞 모습

(7) 그래쥬에이션 + 세임레이어

그래쥬에이션과 세임 레이어의 혼합형은 두상 곡면의 형태선과 무게선을 이룬 디자인이다.

Tip : 그래쥬에이션의 무게감의 높낮이를 조절하여 가볍게도 무겁게도 표현 가능하며 레이어의 층의 높이도 조절할 수 있다.

완성형-앞

완성형-옆(좌)

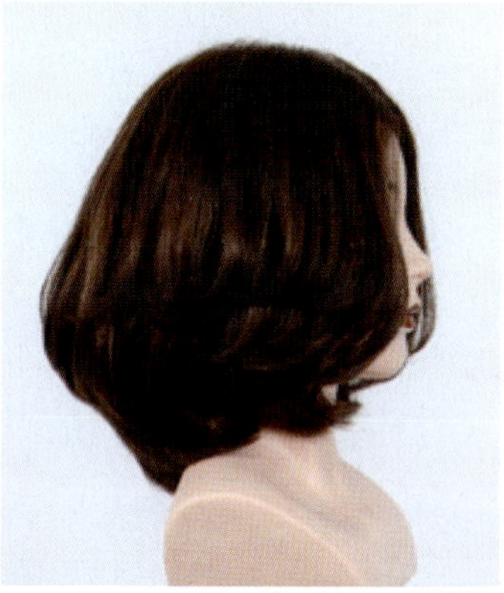

완성형-옆(우)

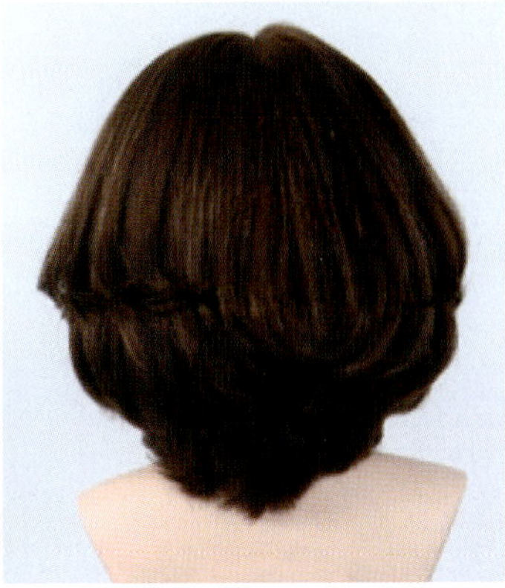

완성형-뒤

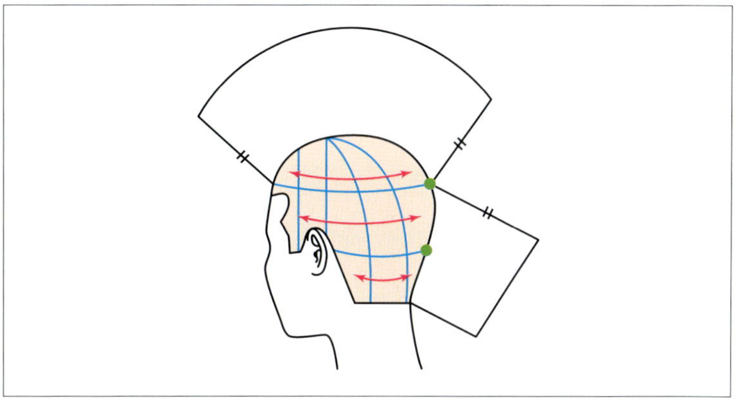

도해도

7-1. 인테리어, 크레스트, 엑스테리어 3브로킹

7-2. 자연 각도 45 ° 그래쥬에이션으로 포인트 커트

7-3. 오른쪽으로 온 더 베이스로 진행

7-4. 온 더 베이스 된 상태를 확인

7-5. 왼쪽도 동일한 라인으로 온 더 베이스로 커트

7-6. 블런트 커트로 진행

7-7. 양쪽 길이 체크

7-8. 크레스트 부분도 자연 각도 연장선에서 그래쥬에이션으로 커트

7-9. 같은 방법으로 45 ° 블런트 커트 그래쥬에이션

7-10. 자연 각도 45˚로 커트된 모습

7-11. 사이드 부분도 동일한 방법으로 진행

7-12. 왼쪽도 자연 각도 45˚ 그래쥬에이션

7-13. 양쪽 길이 체크

7-14. 인테리어 부분 센터 2cm 파팅

7-15. 길이 가이드로 온 더 베이스 세임 레이어 커트

7-16. 사이드 부분도 온 더 베이스 세임 레이어 커트

7-17. 오른 쪽 부분 커트된 모습

7-18. 왼쪽도 동일한 방법으로 진행

7-19. 완성된 앞 모습

(8) 그래쥬에이션 + 하이레이어

그래쥬에이션과 하이 레이어의 혼합형은 탑 부분의 볼륨감과 백부분의 무게감이 어우러진 스타일이다.

Tip : 이 스타일은 가벼움과 무게선이 함께 공존하여 다양한 짧은 스타일에 활용 가능한 디자인이다.

완성형–앞

완성형–옆(좌)

완성형–옆(우)

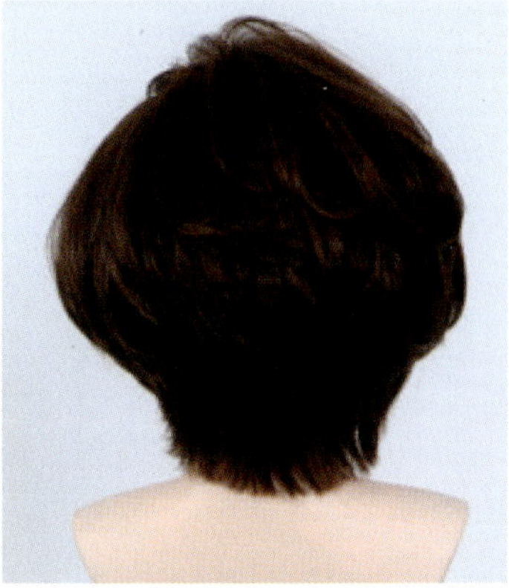
완성형–뒤

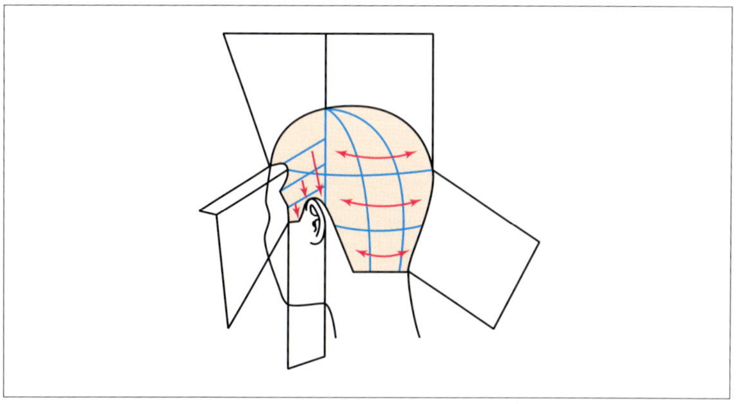
도해도

8-1. 인테리어, 크레스트, 엑스테리어로 3브로킹 한 후 이어 투 이어 라인 섹션

8-2. 높은 시술각으로 온 더 베이스 비평행 직각빗질

8-3. 높은 시술각으로 되었는지 확인

8-4. 오른쪽으로 진행하면서 같은 길이 가이드로 설정 온 더 베이스

8-5. 왼쪽도 동일하게 커트

8-6. 크레스트 에어리어는 높은 시술각 연장선으로 그래쥬에이션으로 커트

8-7. 오른쪽으로 진행하면서 온 더 베이스

8-8. 왼쪽도 오른쪽과 동일

8-9. 인테리어 부분도 높은 시술각 연장선으로 커트

8-10. 탑으로 들어 골든 포인트의 길이에 맞추어 수평커트(온 더 베이스)

8-11. 방사선 섹션으로 진행 탑 스퀘어 커트

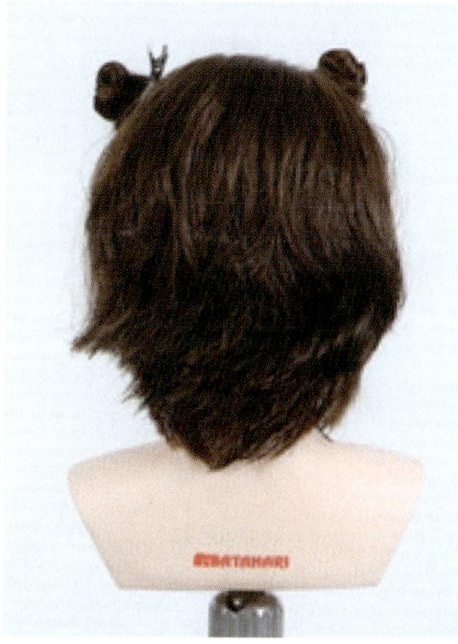

8-12. 백 커트된 상태

8-13. 사이드 전대각 파팅 직각빗질 자연 각도 45˚ 그래쥬에이션

8-14. 자연 각도 45˚ 전대각 파팅 고정 디자인 라인

8-15. 오른쪽 사이드 자연 각도 45˚ 전대각 파팅 고정 디자인 라인

8-16. 왼쪽도 오른쪽과 동일하게 커트한 후 탑으로 들어 모아서 수평커트 고정 디자인 라인

8-17. 왼쪽 앞머리 사이드 부분을 사선으로 연결

8-18. 오른쪽 앞머리도 사이드와 사선으로 연결

8-19. 사이드 슬라이싱으로 질감 처리

8-20. 앞머리 슬라이싱으로 질감 처리

(9) 하이레이어 + 레이어 + 그래쥬에이션

두상의 곡면으로 부터 자연스럽게 생기는 혼합형으로 아름다운 실루엣을 볼 수 있다.

Tip : 뒤로 똑바로 당겨 커트하는 스타일로 빗질에 유의하며 볼륨감과 레이어드한 가벼운 층으로 인해 다양한 질감의 디자인이다.

완성형–앞

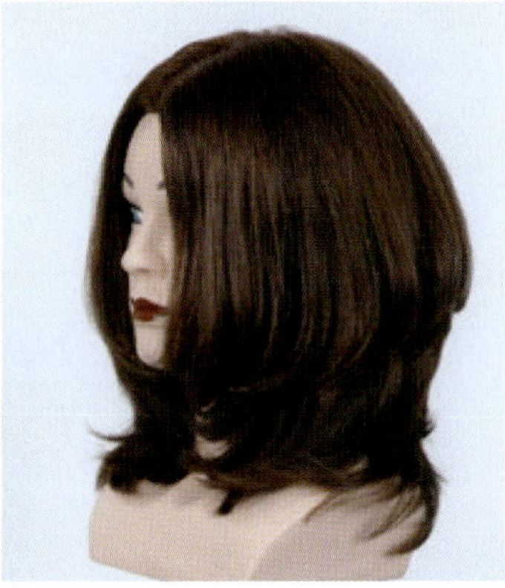
완성형–옆(좌)

완성형–옆(우)

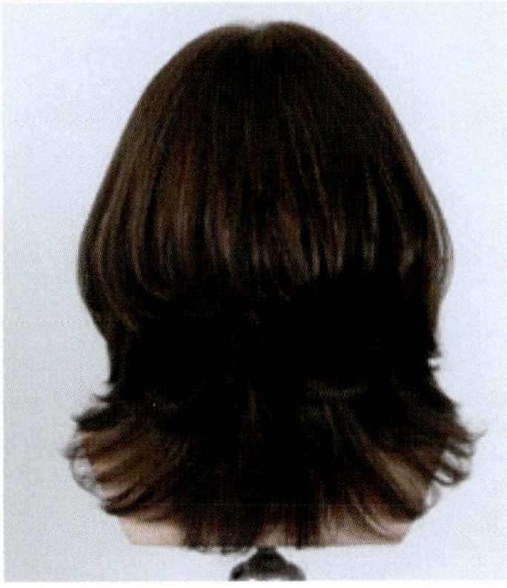
완성형–뒤

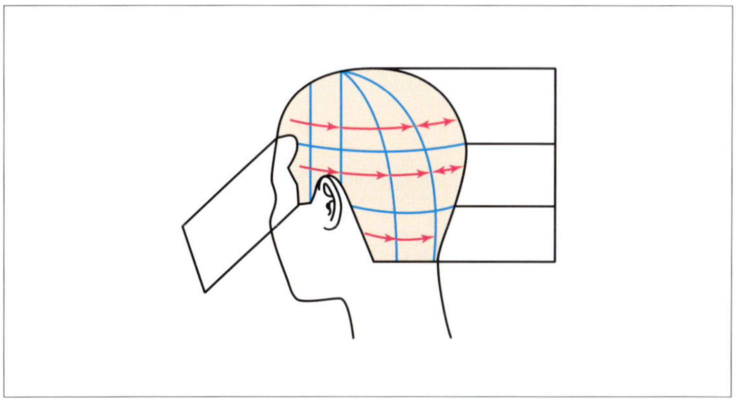
도해도

9-1. 인테리어, 크레스트, 엑스테리어 브로킹 후 이어 투 이어 파트된 상태

9-2. B/P 90° 스퀘어커트로 가이드 라인 설정(온 더 베이스)

9-3. 사이드 베이스로 이동 디자인 진행

9-4. 전대각 라인으로 되었는지 확인

9-5. 왼쪽도 오른쪽과 동일

9-6. 양쪽 길이 체크

9-7. 크레스트 부분 백포인트 90°로 엑스테리어의 가이드와 연장하여 스퀘어 커트

9-8. 오른쪽으로 진해 이동 가이드 라인(사이드 베이스)

9-9. 왼쪽도 오른쪽과 동일

9-10. 왼쪽 사이드 이어 투 이어 라인에 고정 디자인 라인

9-11. 오른쪽 사이드 이어 투 이어라인에 고정 디자인 라인

9-12. 인테리어 B/P 90° 스퀘어 연장선으로 커트

9-13. 사이드 베이스 이동 디자인 라인

9-14. 왼쪽도 동일

9-15. 왼쪽 인테리어 부분도 고정 디자인 라인

9-16. 오른쪽도 동일

9-17. 앞머리 길이 가이드 설정

9-18. 앞머리와 사이드 연결

9-19. 오른쪽 고정 가이드 라인

9-20. 인테리어 부분을 일반 각도으로 동일한 베이스로 커트
크라운 부분의 무게감을 줄이기 위해 슬라이싱 질감처리

9-21. 포워드 형으로 마무리하기 위해 슬라이싱으로 질감처리

9-22. 왼쪽 사이드 부분 질감처리 슬라이싱

9-23. 커트된 앞모습

(10) 미듐형

완성형–앞

완성형–옆(좌)

완성형–옆(우)

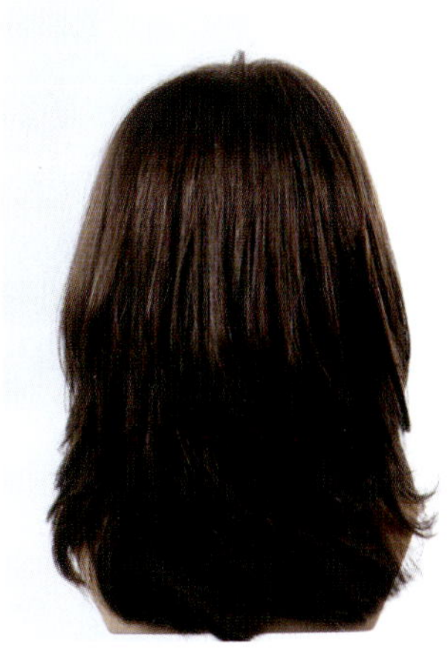
완성형–뒤

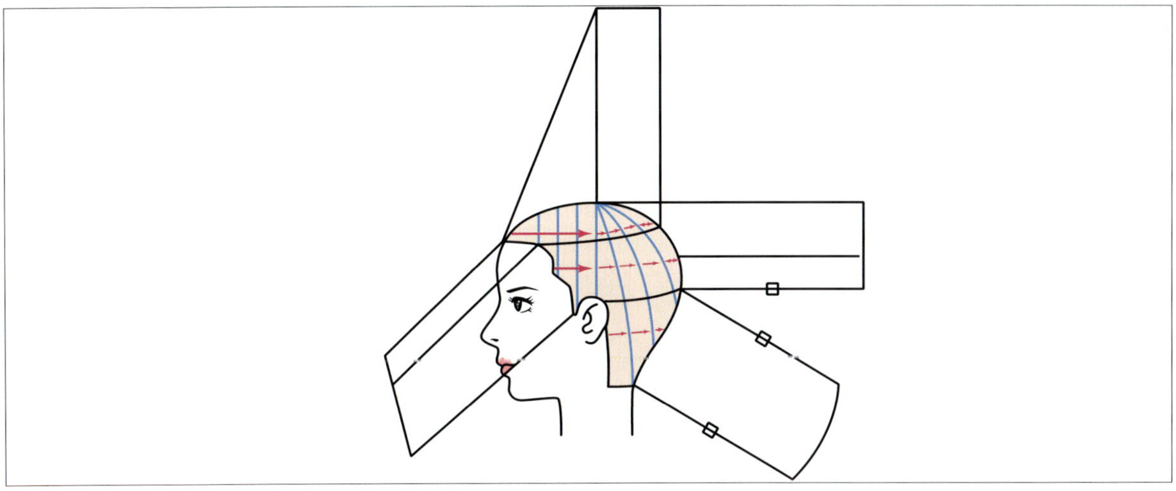
도해도

10-1. 앞머리 브로킹을 나눈모습 ,인테리어와 엑스테리어로 나눔

10-2. 오버,미들, 언더 3브로킹 나눈상태

10-3. 센타 2cm폭 세임레이어 기준선 설정

10-4. 세임 레이어 체크커트

10-5. 이동디자인 사이드 베이스

10-6. 백사이드 동일 커트

10-7. 파팅과 직각분배 커트

10-8. 점차적으로 길어진 콘케이브형 크로스체크 확인

10-9. 오른쪽사이드 동일 방법 커트

10-10. 가이드 맞춰 세임레이어 커트

10-11. 파팅과 직각분배 커트

10-12. 언더섹션이 끝난상태

10-13. 미들섹션 똑바로 뒤로 당겨 스퀘어커트

10-14. 사이드 베이스, 직각분배 커트

10-15. 이동디자인 사이드 베이스

10-16. 사이드 부분은 이어투이어라인 고정디자인 커트

10-17. 백사이드와 사이드의 전대각 형태선 확인

10-18. 오른쪽도 동일 시술

10-19. 미들섹션 커트완성

10-20. 오버섹션 센타 부분 뒤로 똑바로 온더베이스 커트

10-21. 사이드 베이스 진행

10-22. 동일한 방법 시술

10-23. 이동디자인 사이드 베이스 커트

10-24. 이어투 이어라인 고정 디자인 커트

10-25. 뒷모습 커트완성

10-26. 무게감있는 부분 인커브 슬라이싱 질감처리

10-27. T.P에서 위로 똑바로 가이드 맞춰 스퀘어 커트

10-28. 사이드 베이스 진행

10-29. 이어투 이어라인 고정디자인

10-30. 앞머리 왼쪽파팅 삼각베이스 나눈후 2등분 오른쪽 사선 커트

10-31. 왼쪽 앞머리부분 동일 사선 커트

10-32. 삼각꼭지점 부분 각도를 들어 모아서 커트

10-33. 왼쪽사이드와 연결

10-34. 앞쪽으로 당겨주고 모아서 커트

10-35. 왼쪽 파팅 나눈 후 리버스로 슬라이싱 질감처리 모습

10-36. 앞모습 커트완성

10-37. 왼쪽 커트완성

10-38. 뒷쪽 커트완성

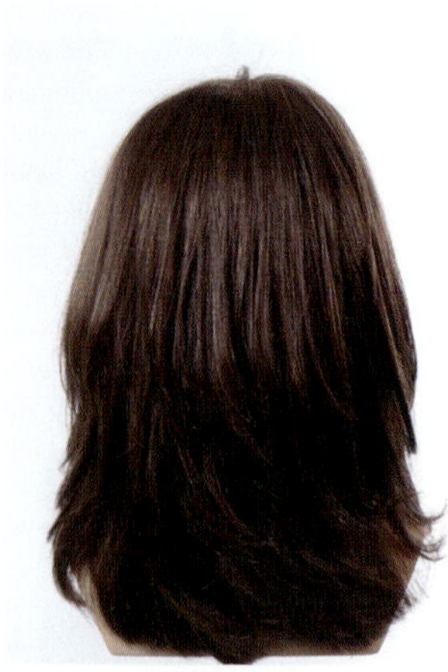

10-39. 뒷모습

10-40. 앞모습

10-41. 오른쪽모습

10-42. 왼쪽모습

(11) 원랭스 + 그래쥬에이션 1

원랭스와 그래쥬에이션의 혼합형으로 무게감이 많이 형성되는 스타일이다.

Tip : 무게감과 그래쥬에이션의 볼륨감으로 인해 차분한 이미지의 스타일이다.
원랭스와 그래쥬에이션의 혼합형은 다양한 연령대에 활용되며 질감에 유의해야 한다.

완성형-앞

완성형-옆(좌)

완성형-옆(우)

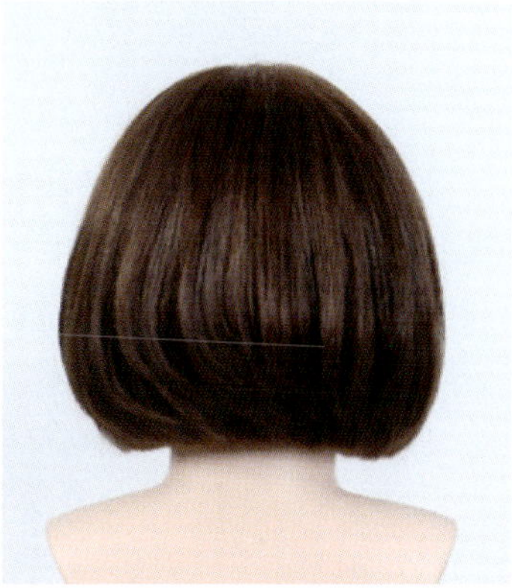

완성형-뒤

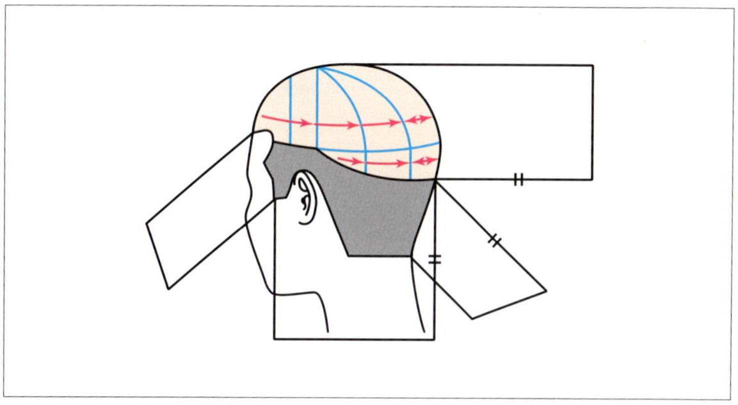

도해도

11-1. 이어 투 이어 파트 센터파트 백부분에 삼각형 브로킹

11-2. 센터에서 빗을 대고 가이드 라인 설정

11-3. 빗과 가위로 대고 최소한의 텐션으로 자연빗질 전대각으로 커트

11-4. 오른쪽도 동일 전대각 사선으로 커트

11-5. 양쪽길이 체크

11-6. 백의 삼각형 부분을 곱게 빗질하여 가이드 라인의 고정 디자인으로 커트

11-7. 오른쪽도 콤컨트롤 커트

11-8. 백의 가이드를 90˚로 들어 스퀘어 커트 온 더 베이스

11-9. 오른쪽으로 진행하면서 약간 백쪽으로 사이드 베이스

11-10. 아웃 라인 가이드보다 길어진 부분은 블론트 커트

11-11. 왼쪽도 동일하게 커트

11-12. 왼쪽 사이드는 이어 투 이어라인 뒤쪽 고정 디자인 라인으로 커트

11-13. 사이드보다 길어진 부분 라인 정리

11-14. 오른쪽도 동일하게 커트

11-15. 앞머리 삼각 섹션

11-16. 오른쪽 앞머리 사선으로 길이 가이드 설정

11-17. 왼쪽 앞머리도 동일

11-18. 사이드 코너와 사선으로 연결

11-19. 사이드 커브 빗질하여 고정 디자인으로 커트

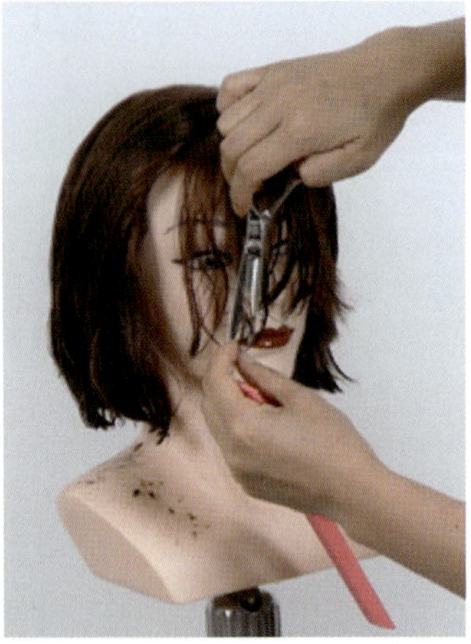

11-20. 앞머리 오른쪽 커브된 방향으로 슬라이싱 커트

11-21. 왼쪽 커브된 방향으로 슬라이싱 커트

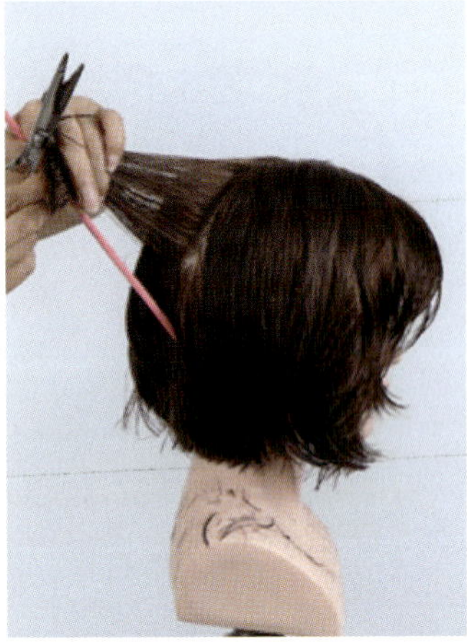

11-22. 백부분 슬라이싱 질감처리

11-23. 커트된 앞모습

(12) 원랭스 + 그래쥬에이션 2

원랭스와 그래쥬에이션의 혼합형은 다양한 혼합 비율에 의해 무게감과 무게선이 형성된다.

Tip : 이 스타일은 원랭스의 비율을 적게하고 그래쥬에이션의 비율을 높여 무게선을 강조하여 볼륨을 얻어내는 스타일이다.

완성형-앞

완성형-옆(좌)

완성형-옆(우)

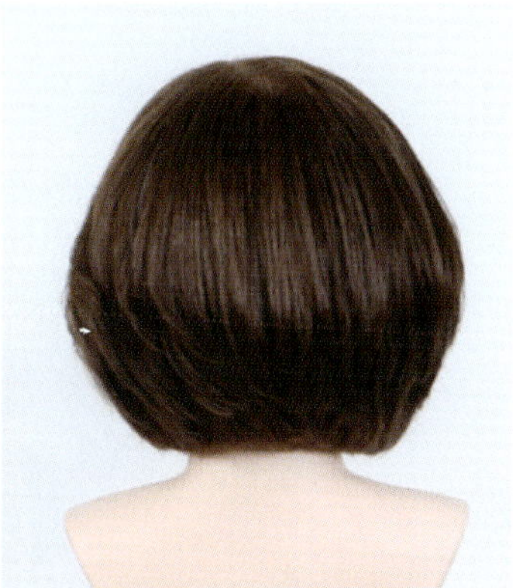

완성형-뒤

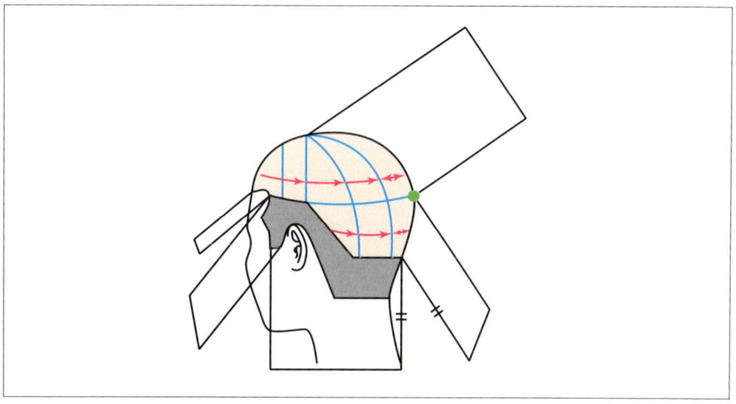

도해도

12-1. 센터 앞머리 섹션과 이어 투 이어라인 브로킹 후 헤어라인 2cm 폭을 내려놓은 상태

12-2. 콤컨트롤 하여 아웃라인 설정

12-3. 전대각 라인으로 커트

12-4. 오른쪽 동일하게 커트

12-5. 아웃라인이 설정된 상태

12-6. 아웃라인의 라인에 맞추어 자연 각도 45° 온 더 베이스로 가이드라인 설정

12-7. 아웃라인 원랭스와 자연 각도 45°가 커트된 상태

12-8. 사이드 베이스로 이동 디자인

12-9. 왼쪽도 동일하게 커트

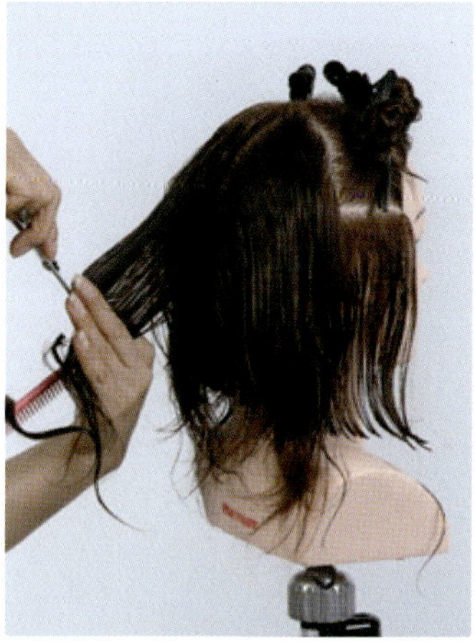

12-10. 인테리어 부분도 자연 각도 45˚ 연결선상으로 커트

12-11. 오른쪽 부분 사이드 베이스로 동일하게 커트

12-12. 왼쪽도 동일하게 커트

12-13. 왼쪽 사이드 부분 이어 투 이어 라인 뒤쪽으로 고정 디자인 라인

12-14. 오른쪽 사이드 부분도 왼쪽과 동일

12-15. 인테리어 부분을 일반 각도 45˚ 로 커트 온 더 베이스

12-16. 사이드 베이스로 이동 가이드 라인

12-17. 일반 각도 45˚ 로 오른쪽 사이드 이어 투 이어라인 뒤쪽으로 고정 디자인 라인

12-18. 왼쪽도 동일하게 커트

12-19. 앞머리 파팅된 모습

12-20. 가르마 중심에서 사선으로 포인트커트

12-21. 왼쪽 앞머리 삼각형 섹션 부분을 사선으로 커트

12-22. 앞머리와 사이드 코너 포인트 가이드와 후대각으로 연결 포인트커트

12-23. 앞머리와 골든포인트를 가르마쪽으로 당겨 체크함

12-24. 무게감이 있는 부분에 슬라이싱으로 질감처리 커트

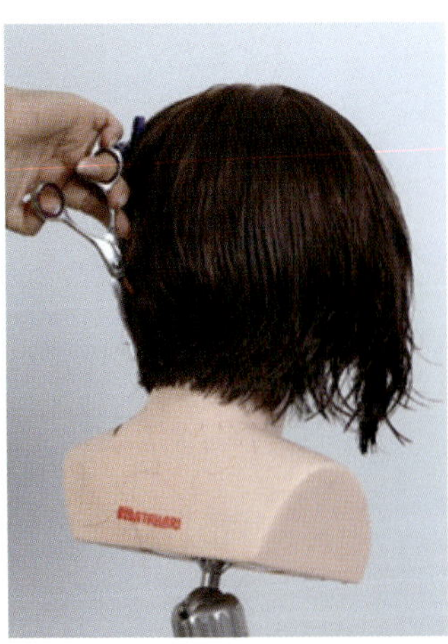

12-25. 가위로 개폐하고 오므리면서 표면 슬라이싱 커트

12-26. 커트된 앞모습

(13) 숏트형

완성형–앞

완성형–옆(좌)

완성형–옆(우)

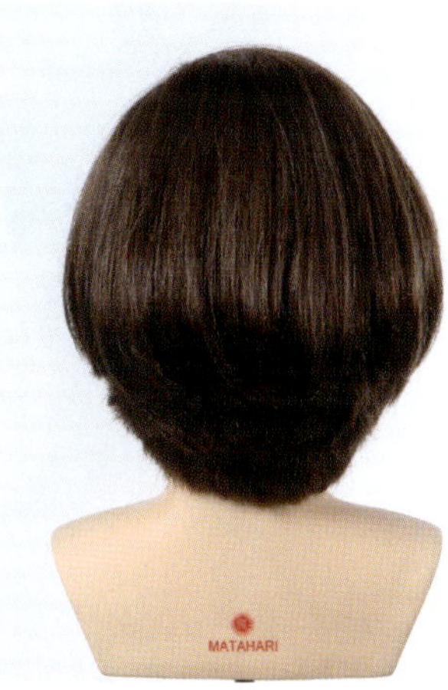

완성형–뒤

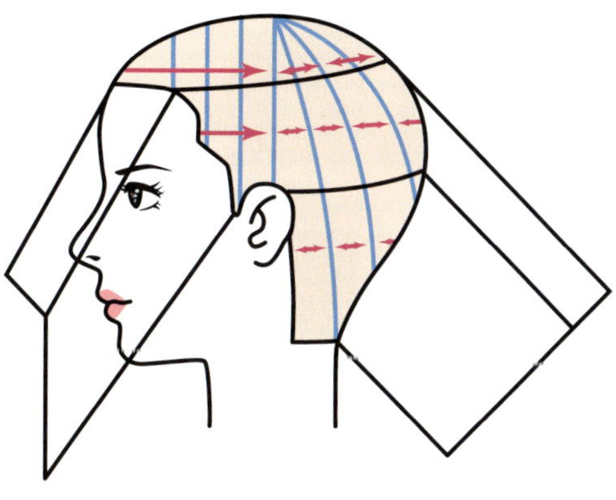

도해도

13-1. 브로킹된 앞모습

13-2. 오버,미들, 언더의 3브로킹을 나눈 모습

13-3. 센타 2cm중심 높은 시술각 온더베이스 커트

13-4. 이동디자인 온더베이스

13-5. 직각분배 온더베이스

13-6. 같은 길이 커트 된 모습 확인

13-7. 반대쪽도 같은 방법 커트

13-8. 온더베이스 진행

13-9. 언더 마지막 섹션까지 온더베이스

13-10. 미들 섹션부분 자연시술각 진행

13-11. 이동디자인 60°로 진행

13-12. 온더 베이스 손가락 비평행

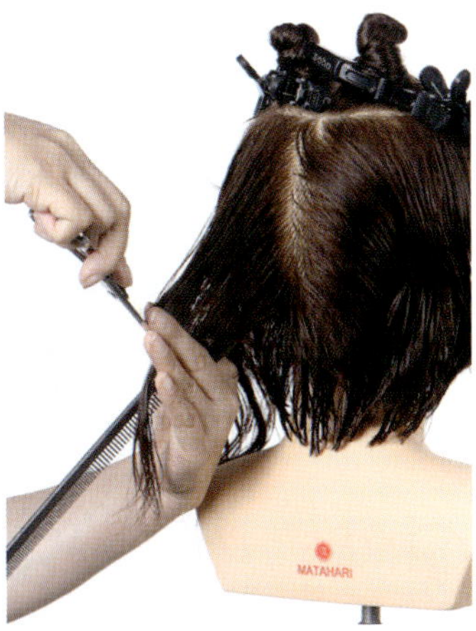

13-13. 왼쪽도 동일한 방법으로 진행

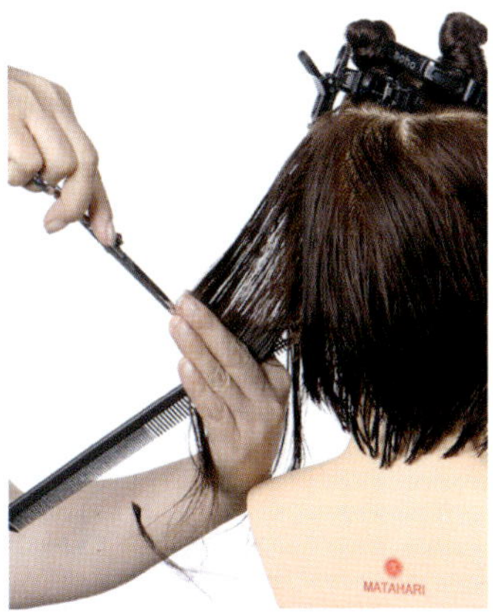

13-14. 이동디자인 온더 베이스

13-15. 60°로 진행

13-16. 미들 섹션이 끝난 모습

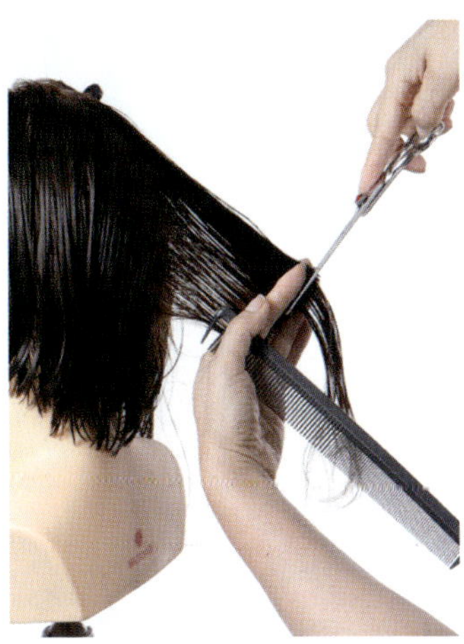

13-17. 오버 섹션 가이드 맞춰 손가락 비평행 커트

13-18. 사이드 부분 이어투 이어라인 맞춰 고정디자인

13-19. 고정디자인 높은 시술각 커트

13-20. 왼쪽 커트완성

13-21. 오른쪽 사이드 이어투 이어라인 맞춰 고정디자인

13-22. 고정디자인 높은 시술각 커트

13-23. 앞머리 부분은 삼각베이스의 2등분 나눈후 사선 나칭커트

13-24. 앞쪽으로 모아서 고정디자인

13-25. S.C.P와 연결

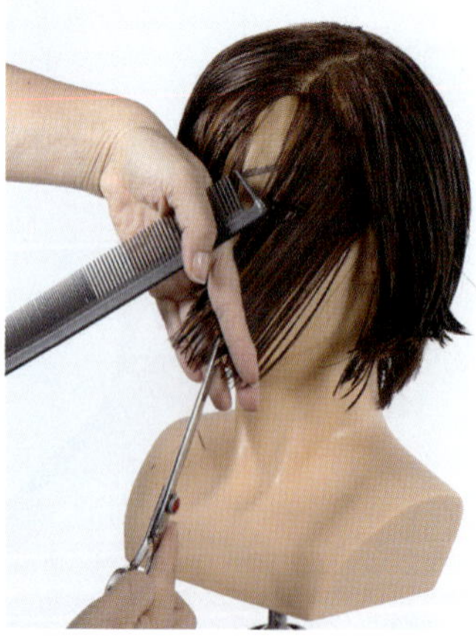

13-26. 반대쪽도 S.C.P와 연결

13-27. 리버스로 슬라이싱 질감처리

13-28. 사선으로 파팅 나눈 후 슬라이싱 질감처리

13-29. 딥 슬라이싱 질감처리

13-30. 모발 끝부분의 엔드 테이퍼링

13-31. 앞모습 커트완성

13-32. 왼쪽 커트완성

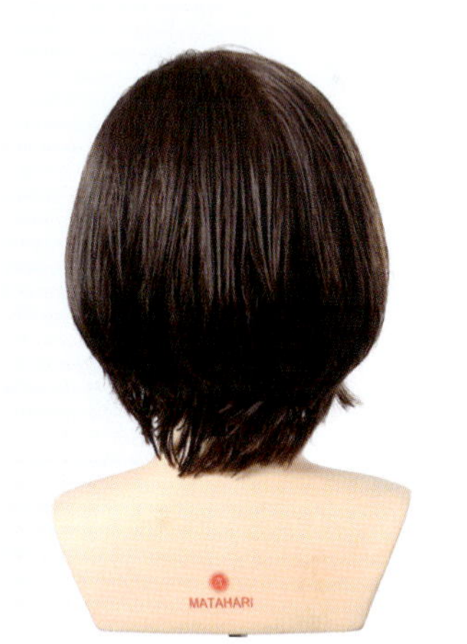

13-33. 뒷쪽 커트완성

13-34. 오른쪽 커트완성

13-35. 오른쪽모습

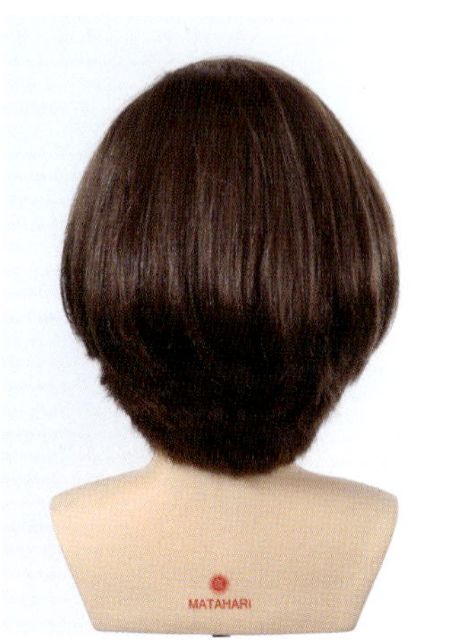

13-36. 뒷쪽모습

13-37. 왼쪽모습

13-38. 앞모습

(14) 숏트형2 (그래쥬에이션 + 하이레이어)

완성형–앞

완성형–옆(좌)

완성형–옆(우)

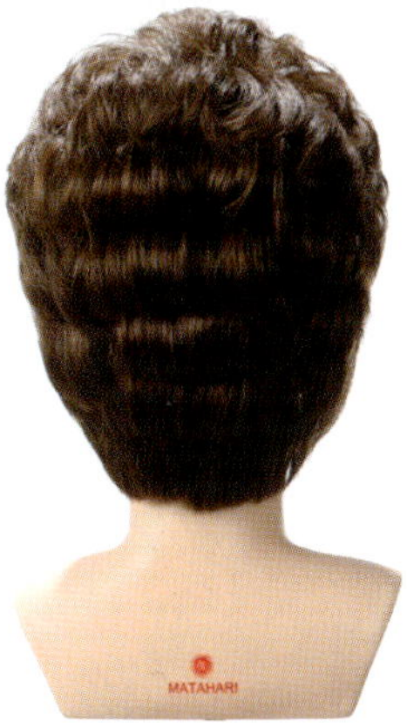
완성형–뒤

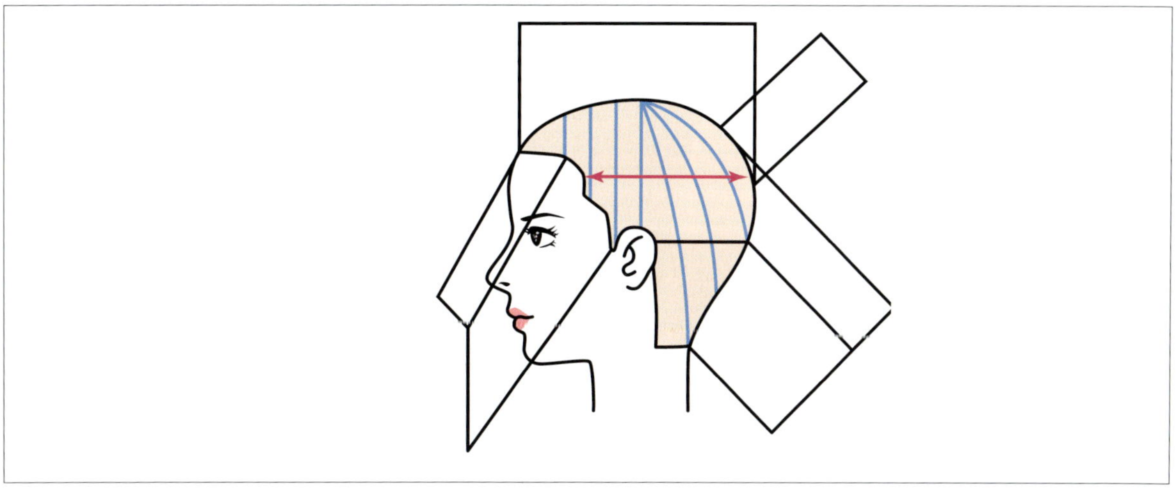
도해도

14-1. 브로킹된 뒷모습

14-2. B.N.M.P까지 수평섹션

14-3. 위로 5cm길이가이드 업베이스 블런트커트

14-4. 이동디자인 같은길이 설정

14-5. 위 올려 같은길이 설정

14-6. 같은 방법 진행

14-7. 왼쪽 같은 방법 커트

14-8. 네이프부분 다운베이스 아웃라인설정

14-9. 오른쪽도 같은 방법으로 아웃라인설정

14-10. 네이프 커트완성

14-11. 백포인트 섹션 나눈모습

14-12. 네이프의 가이드에 맞춰 다운베이스

14-13. 이동디자인 같은길이 설정

14-14. 왼쪽도 동일한 방법 커트

14-15. 백 부분 커트완성

14-16. 이어백 중심 뒤쪽 후대각, 앞쪽 전대각파팅

14-17. 직각분배 뒷쪽의 가이드 맞춰 업베이스 직각분배

14-18. 이어백 가이드 맞춰 직각 분배 손가락 평행 커트

14-19. 직각분배 블런트커트

14-20. 사이드 가이드 커트된 모습

14-21. 2cm폭으로 동일한 섹션

14-22. 후대각파팅 부분은 다운 베이스 블런트커트

14-23. 전대가파팅 부분도 다운 베이스로 커트

14-24. 오른쪽사이드 커트완성

14-25. 왼쪽사이드 이어백을 중심 뒤쪽 후대각, 앞쪽 전대각파팅

14-26. 후대각파팅 부분 업베이스 가이드 라인 설정

14-27. 전대각파팅 부분 업베이스 직각분배 손가락평행

14-28. 양쪽 S.C.P 가이드 확인

14-29. 다음섹션은 다운베이스 직각분배

14-30. 다운베이스 손가락 평행하게 커트

14-31. 양사이드가 끝난 모습

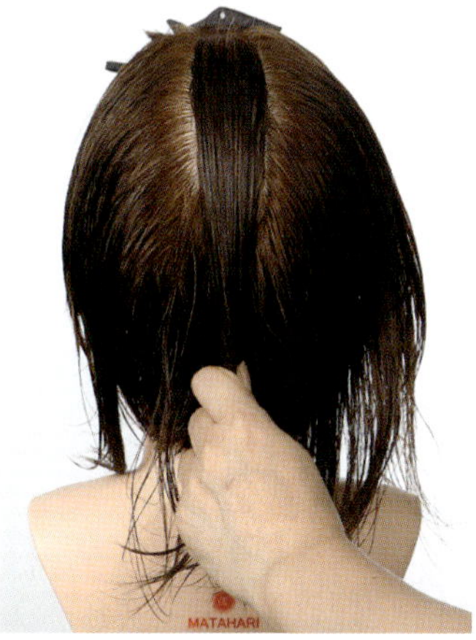

14-32. 인테리어존을 센타 2cm 폭 파팅 나눈 모습

14-33. 탑가이드를 네이프의 1.5~2배 길게 가이드를 설정

14-34. 위로 똑바로 스퀘어커트

14-35. 방사선으로 이동디자인 위로 똑바로

14-36. 이동디자인으로 동일하게 커트

14-37. 오른쪽도 동일방법 위로 똑바로

14-38. 백의 가이드에 맞춰 비평행으로 그래쥬에이션 커트

14-39. 각도를 들어 일반시술각 그래쥬에이션 커트

14-40. 각도를 들어 코너 정리

14-41. 일반시술각 그래쥬에이션 커트

14-42. 각도를 들어 코너정리

14-43. 이동디자인으로 그래쥬에이션 커트

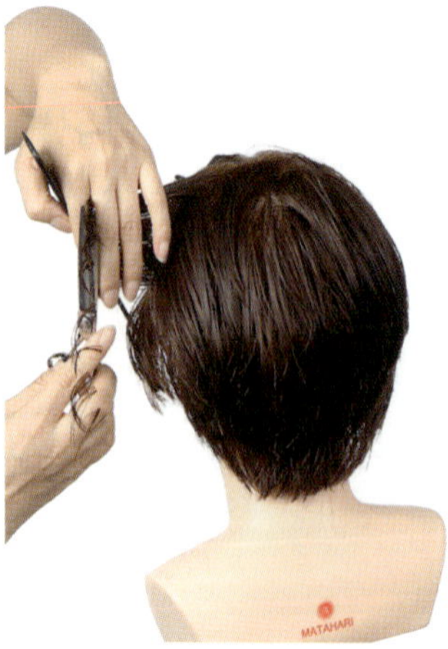

14-44. 사이드도 동일한 방법 커트

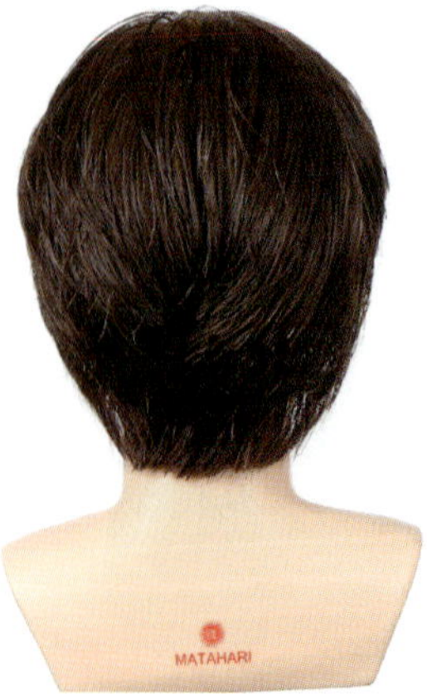

14-45. 백부분 커트가 끝난모습

14-46. 앞머리 삼각형 브로킹을 나누후 가르마쪽을 짧게 사선커트

14-47. 왼쪽 앞머리도 동일하게 커트

14-48. 앞머리와 탑부분의 코너 제거

14-49. 앞쪽커트완성

14-50. 왼쪽 커트완성

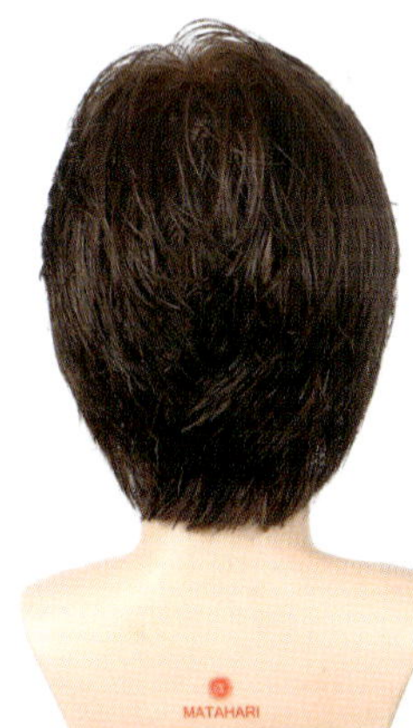

14-51. 뒤쪽 커트완성

14-52. 오른쪽 커트완성

14-53. 앞모습

14-54. 오른쪽모습

14-55. 뒷쪽모습

14-56. 왼쪽모습

(15) 롱헤어1

완성형-앞

완성형-옆(좌)

완성형-옆(우)

완성형-뒤

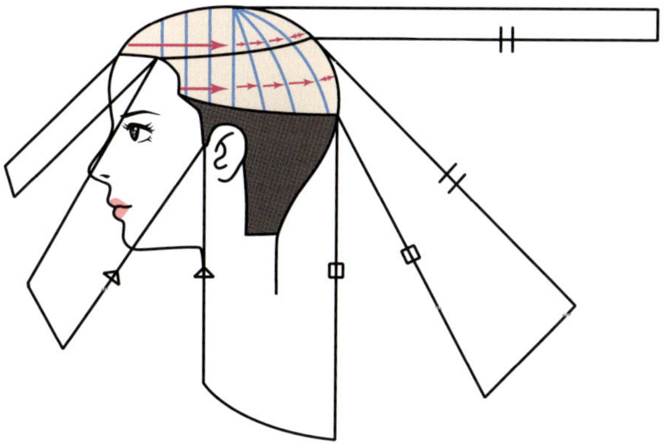

도해도

15-1. 앞머리 브로킹

15-2. 3등분 수평 브로킹

15-3. 아웃라인을 U라인으로 나칭 커트

15-4. U라인으로 나칭커트

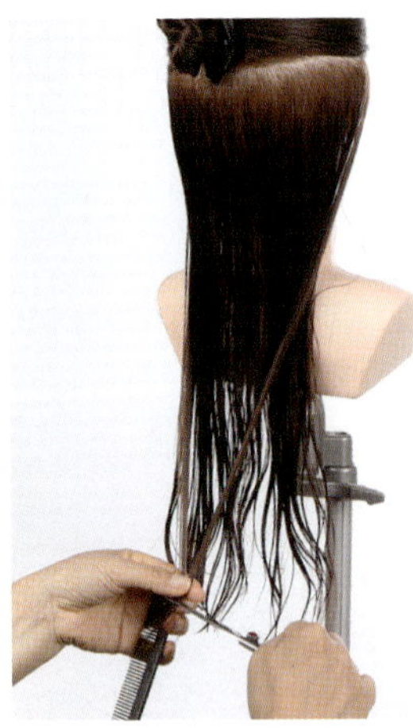

15-5. 양쪽 길이체크

15-6. 동일하게 나칭 커트

15-7. 아웃라인 완성

15-8. 자연시술각 45°로 온더베이스커트

15-9. 사이드 베이스 진행 후 이어투이어라인 맞추어 고정디자인으로 커트

15-10. 전대각 라인 확인

15-11. 오른쪽도 동일 진행

15-12. 사이드 베이스 진행

15-13. 오른쪽 사이드 고정디자인으로 커트

15-14. 양사이드 길이체크

15-15. 전대각 라인 확인

15-16. 인테리어존은 가이드 맞춰 뒤로 똑바로

15-17. 사이드 베이스 진행

15-18. 이어투이어라인 맞추어 고정디자인 커트(반대편도 동일)

15-19. 앞머리 왼쪽 파팅 나누어 삼각베이스 나눔

15-20. 삼각 부분을 2등분으로 나눈후 오른쪽 앞머리부분을 대각선 커트

15-21. 반대편도 대각으로 커트

15-22. 양쪽 F.S. P 길이 체크

15-23. 나머지 삼각베이스 삼각 꼭지점 부분을 빗질 커트

15-24. 반대편도 동일하게 커트

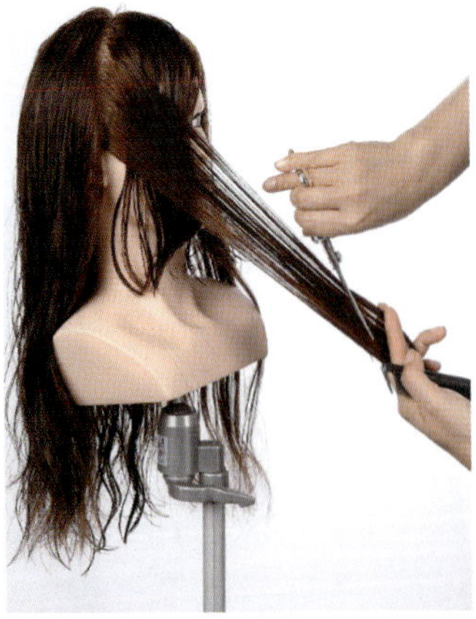

15-25. 사이드는 슬라이드 커트

15-26. 이어라인의 모발을 앞쪽으로 당겨 슬라이드 커트

15-27. 반대편도 동일 커트

15-28. 슬라이싱 리버스 질감처리

15-29. 왼쪽모습

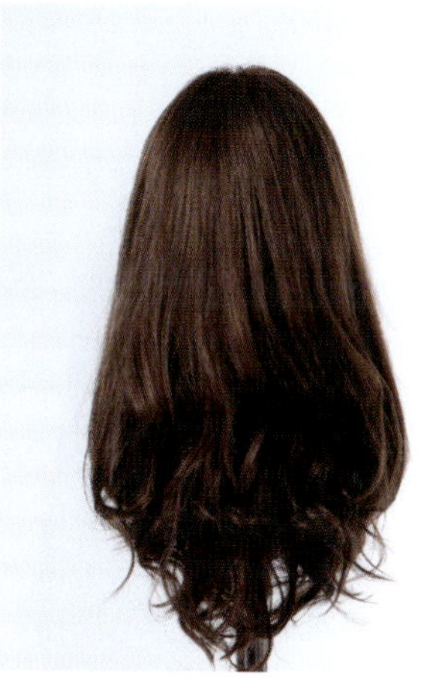

15-30. 뒷모습

15-31. 오른쪽모습

15-32. 앞모습

(16) 롱헤어2

완성형–앞

완성형–옆(좌)

완성형–옆(우)

완성형–뒤

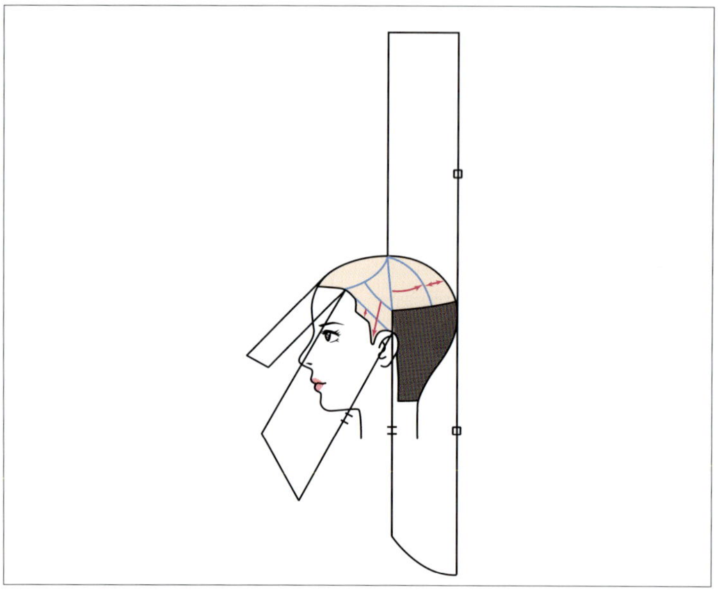

도해도

16-1. 앞모습 브로킹

16-2. 뒷모습 브로킹

16-3. 엑스테리어부분 원랭스 아웃라인 나칭커트

16-4. U라인 나칭커트

16-5. 같은 방법 진행

16-6. U라인을 커트완성

16-7. 엑스테리어의 길이가이드 맞춰 위로 똑바로 커트

16-8. 위로 평면커트

16-9. 중심 가이드 맞춰 고정디자인 커트

16-10. 왼쪽 인테리어존 부분 백사이드 고정디자인 커트

16-11. 백부분이 커트완성

16-12. 앞머리 뱅부분을 삼각베이스 브로킹 2등분 나눈후 낮은시술각 커트

16-13. 앞머리 가이드 라인 설정된 모습

16-14. 삼각부분 꼭지점을 가이드에 맞추어 커트

16-15. 앞머리 커트완성

16-16. 사이드부분 후대각 파팅 나눈후 후대각 커트

16-17. 파팅과 비평행한 손가락위치 슬라이드 커트

16-18. 이어백부분 모아서 슬라이드 커트

16-19. 오른쪽 사이드부분 커트 완성

16-20. 양쪽 사이드부분 길이체크

16-21. 왼쪽 사이드부분 동일방법 슬라이드 커트

16-22. 왼쪽 사이드부분 커트완성

16-23. 앞쪽 커트완성

16-24. 왼쪽 커트완성

16-25. 뒷쪽 커트완성

16-26. 앞모습

16-27. 왼쪽모습

16-28. 뒷모습

16-29. 오른쪽모습

(17) 롱헤어3

완성형-앞

완성형-옆(좌)

완성형-옆(우)

완성형-뒤

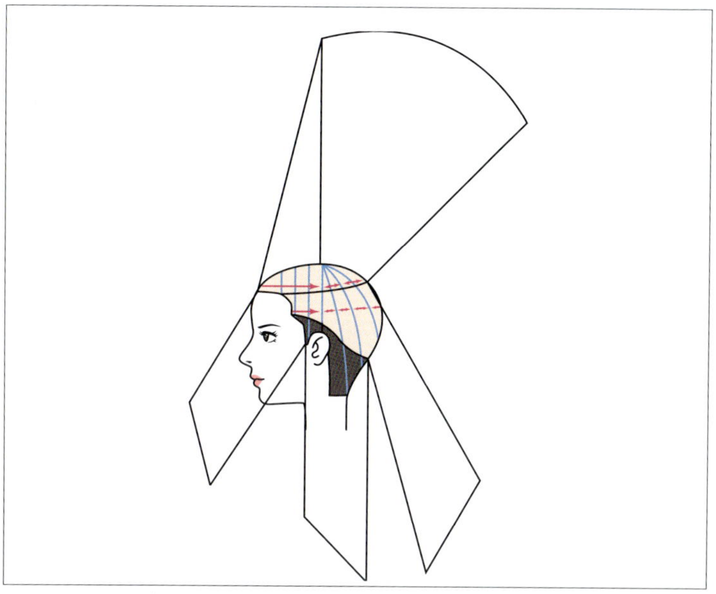

도해도

17-1. 후두부 브로킹

17-2. 엑스테리어존 센터가이드를 당겨 아웃라인 형성

17-3. 후대각 디자인 나칭커트

17-4. 양쪽 길이체크

17-5. 후대각 디자인 동일 커트

17-6. V라인 커트완성

17-7. 자연시술각 45° 커트

17-8. 온더베이스 진행

17-9. 같은 길이확인

17-10. 오른쪽 같은 방법 진행

17-11. 백사이드 부분 온더베이스 진행

17-12. 사이드부분 이어투 이어 라인에 고정 디자인 라인 진행

17-13. 백부분 커트완성

17-14. 인테리어존 부분 일반각도 두상 90°, 세임레이어 커트

17-15. 온더베이스 진행

17-16. 사이드부분 고정 디자인 라인 진행

17-17. 왼쪽사이드 파트 앞머리 내려놓은 모습

17-18. 앞머리길이 설정 S,C,P부분 슬라이드 커트

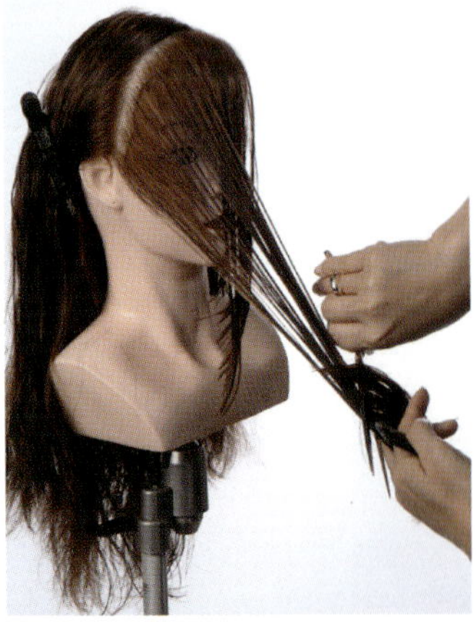

17-19. 슬라이드 커트완성

17-20. 오른쪽 앞머리 가이드라인 완성

17-21. 오른쪽 부분을 고정디자인 슬라이드 커트

17-22. 오른쪽 앞머리 커트완성

17-23. 왼쪽 앞머리 커트

17-24. 왼쪽 앞머리 커트완성

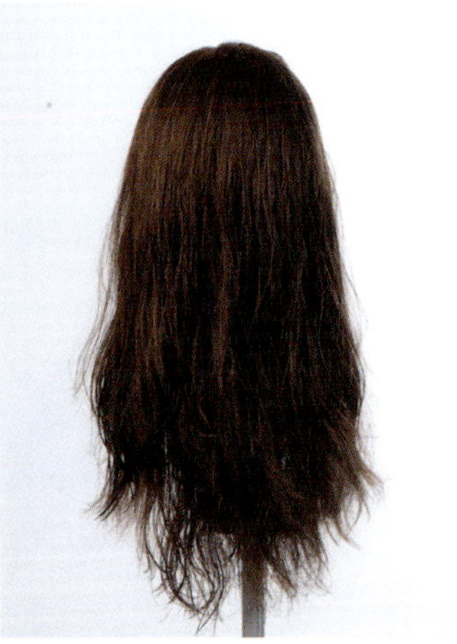

17-25. 뒷모습 커트완성

17-26. 앞모습

17-27. 왼쪽모습

17-28. 뒷모습

17-29. 오른쪽모습

(18) 미듐형

완성형-앞

완성형-옆(좌)

완성형-옆(우)

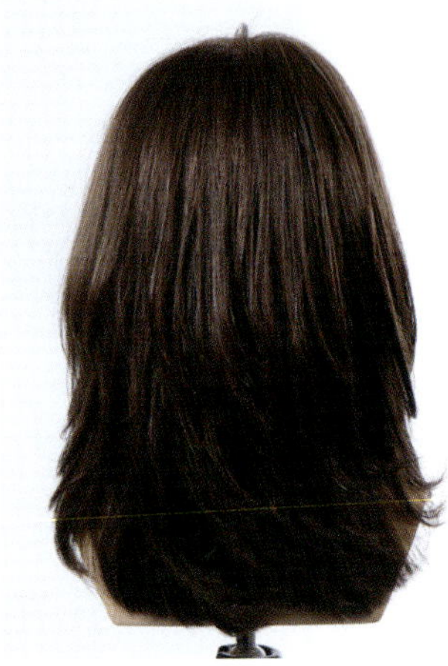

완성형-뒤

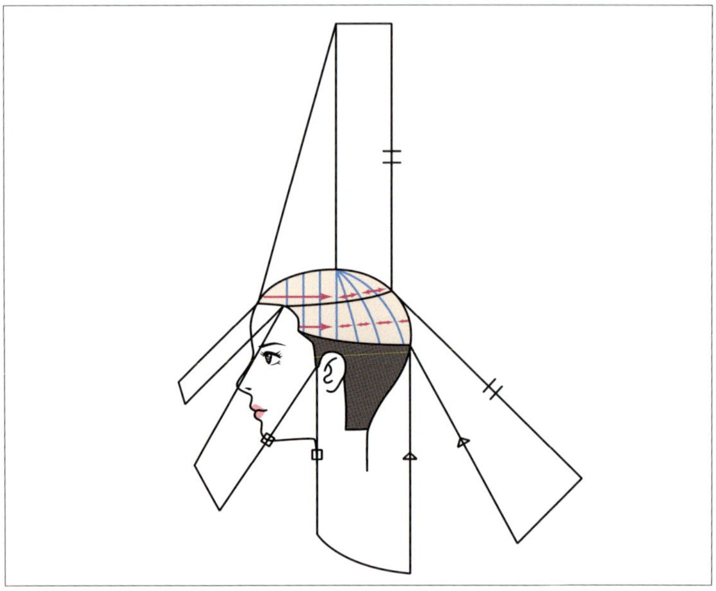

도해도

18-1. 앞모습 브로킹

18-2. 뒷모습 브로킹

18-3. 엑스테리어존 원랭스 아웃라인설정

18-4. 후대각라인 나칭커트

18-5. 오른쪽 가이드 라인 왼쪽 맞춰 설정

18-6. 오른쪽 동인한 후대각라인

18-7. 아웃라인 완성

18-8. 미들섹션부분 자연시술각 온더베이스 블런트커트

18-9. 온더베이스 진행

18-10. 동일한 커트방법

18-11. 동일한 길이 수평 체크

18-12. 오른쪽 동일한 방법 진행

18-13. 온더베이스 진행

18-14. 사이드부분은 이어투 이어 라인에 고정 디자인 라인으로 진행

18-15. 백부분 커트완성

18-16. 인테리어존 미들 부분 가이드 맞춰 위로 똑바로 커트

18-17. 방사선파팅 커트

18-18. 사이드도 같은 방법 커트

18-19. 오른쪽 인테리어존 같은 이동디자인

18-20. 프론트부분은 탑으로 당겨 고정디자인라인 커트

18-21. 왼쪽 앞머리도 탑으로 당겨 커트

18-22. 앞머리 삼각형 베이스로 나눈 후 삼각 베이스 꼭지점부분파팅 45°로 커트

18-23. 오른쪽 슬라이드 커트

18-24. 얼굴쪽으로 당겨서 슬라이드 커트

18-25. 왼쪽도 같은 방법

18-26. 앞모습 커트완성

18-27. 왼쪽모습 커트완성

18-28. 뒷모습 커트완성

18-29. 앞모습

18-30. 왼쪽모습

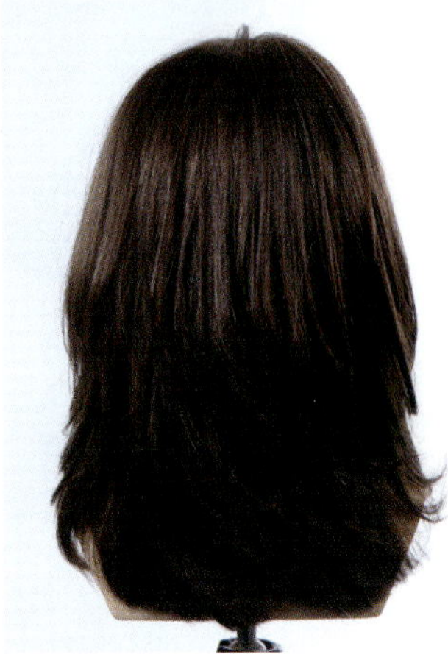

18-31. 뒷모습

18-32. 오른쪽모습

(19) 보브형1

완성형–앞

완성형–옆(좌)

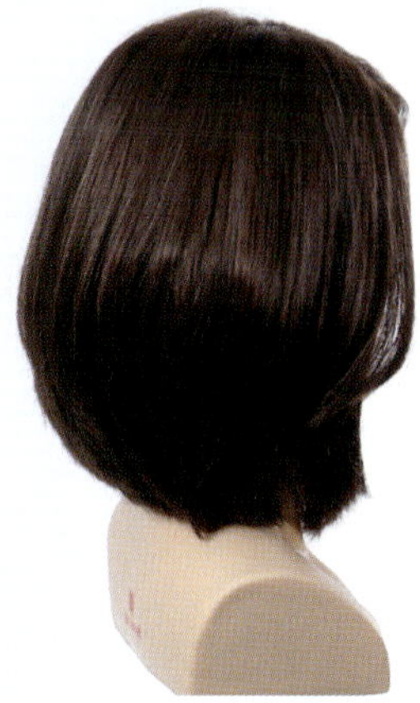

완성형–옆(우)

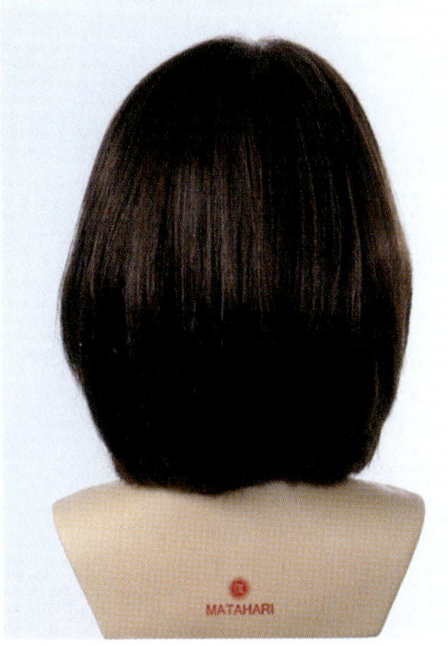

완성형–뒤

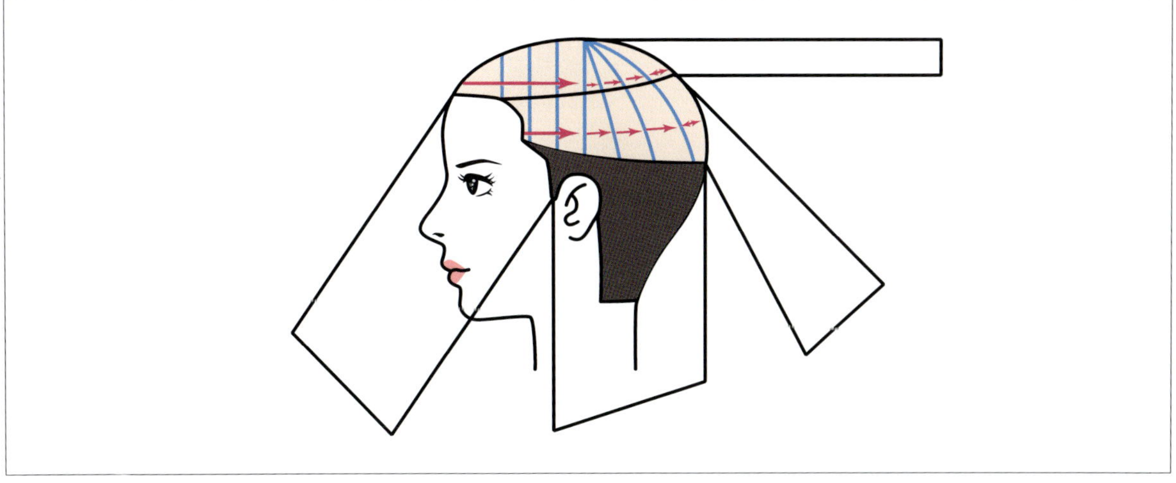

도해도

19-1. 앞모습 브로킹

19-2. 오버, 미들, 언더의 3브로킹을 나눈모습

19-3. 언더섹션을 원랭스로 커트

19-4. 앞쪽으로 약간 길어진 전대각라인커트

19-5. 오른쪽 가이드 설정

19-6. 오른쪽 전대각라인 커트

19-7. 언더섹션 원랭스 커트완성

19-8. 미들섹션 센타 2cm중심 45°중간시술각 온더베이스

19-9. 이동디자인 사이드 베이스

19-10. 동일한 45° 중간시술각

19-11. 시술각 확인

19-12. 오른쪽 동일 커트

19-13. 변이 분배 빗질 커트

19-14. 오른쪽 사이드 이어 투 이어라인 고정디자인

19-15. 미들섹션 커트완성

19-16. 오버섹션 센타 뒤로 똑바로 스퀘어커트

19-17. 사이드베이스 진행

19-18. 오른쪽 동일한 방법 커트

19-19. 정확한 라인 체크

19-20. 사이드부분 이어 투 이어 라인 고정디자인

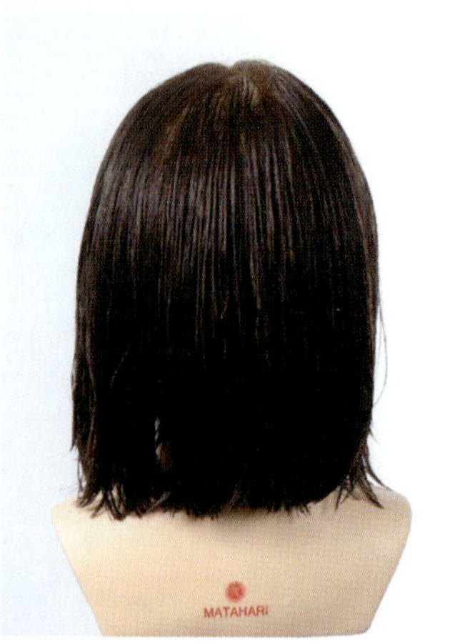

19-21. 뒷부분의 커트완성

19-22. 앞머리부분 오른쪽 사이드 파트 앞머리길이 길게 설정 후 S,C,P와 연결

19-23. 고정디자인 커트

19-24. 왼쪽 동일한 방법 커트

19-25. 앞모습의 커트완성

19-26. 리버즈 슬라이싱 질감처리

19-27. 인커브 슬라이싱 질감처리

19-28. 가볍게 질감처리

19-29. 앞모습

19-30. 왼쪽모습

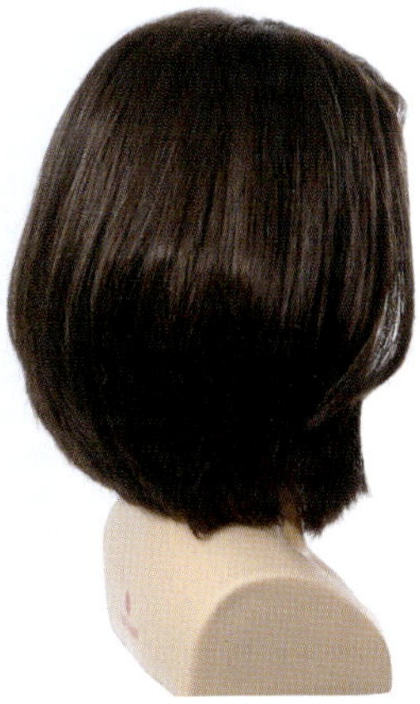

19-31. 오른쪽모습

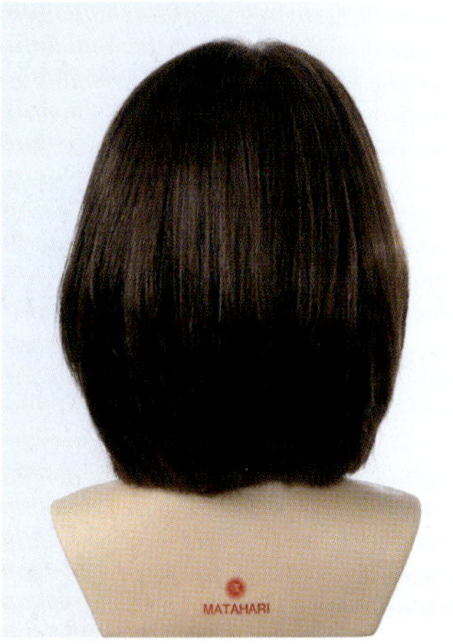

19-32. 뒷모습

(20) 보브형2

완성형-앞

완성형-옆(좌)

완성형-옆(우)

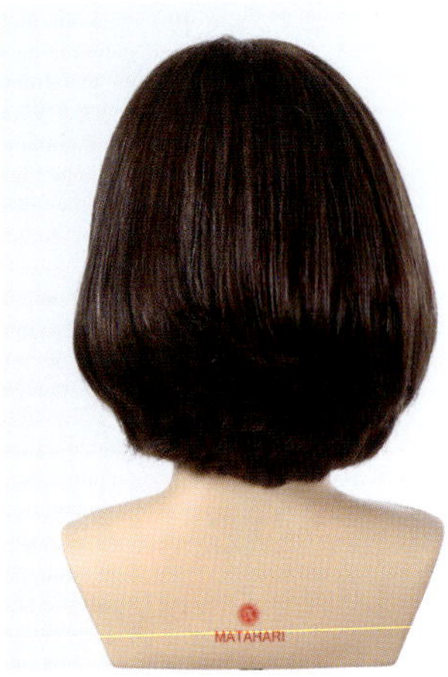

완성형-뒤

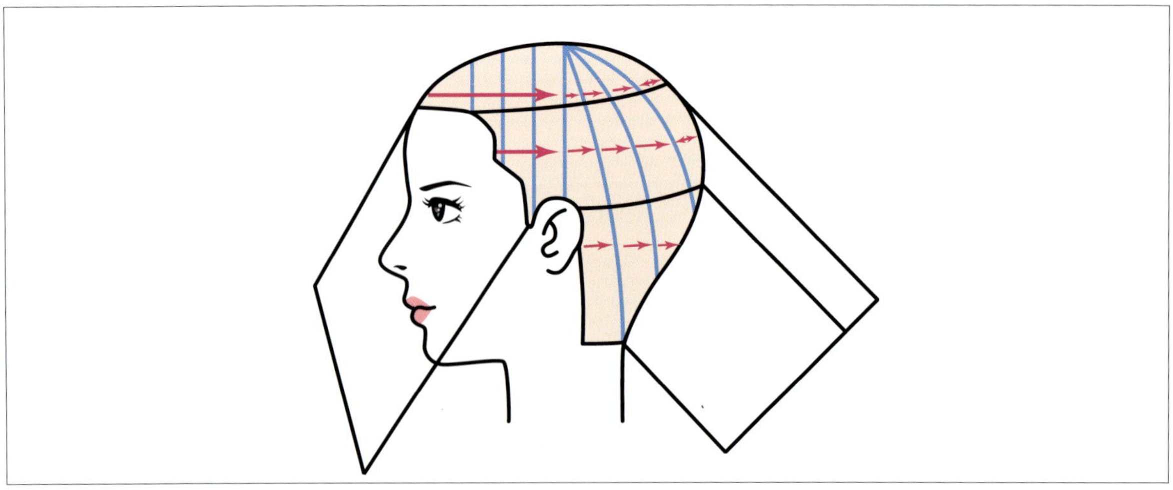

도해도

20-1. 브로킹된 앞모습

20-2. 오버,미들, 언더 3브로킹 나눈 모습

20-3. 센타 2cm중심 45°중간시술각 온더베이스

20-4. 중간시술각 확인

20-5. 이동디자인 사이드 베이스 진행

20-6. 사이드 베이스 진행

20-7. 동일한 방법 사이드 베이스 진행

20-8. 전대각 형태선 확인

20-9. 오른쪽 동일한 방법 진행

20-10. 미들섹션 백센타 45°중간 시술각 온더베이스

20-11. 사이드 베이스 진행

20-12. 동일 커트

20-13. 변이분배 커트

20-14. 이어투 이어라인 고정 디자인

20-15. 왼쪽이 커트완성

20-16. 오른쪽 동일 커트

20-17. 오른쪽 사이드 이어투 이어라인 고정 디자인

20-18. 미들 섹션완성

20-19. 오버섹션도 동일 백센타 45°중간시술각 온더베이스

20-20. 사이드 베이스 진행

20-21. 이어투 이어라인 고정 디자인

20-22. 오른쪽 동일 커트

20-23. 오른쪽 사이드 이어투 이어라인 고정 디자인 동일 커트

20-24. 왼쪽 사이드 파팅 삼각형 베이스 나눈후 사이드 연결

20-25. 왼쪽 앞머리 설정

20-26. 딥 슬라이싱

20-27. 슬라이싱 모량 제거 모속감 형성

20-28. 모발끝 부분 엔드 테이퍼링

20-29. 앞모습

20-30. 왼쪽모습

20-31. 오른쪽모습

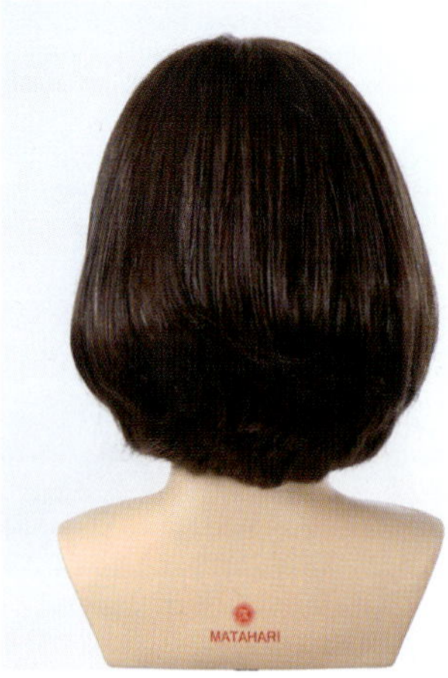

20-32. 뒷모습

3. 디자인 커트

1) 후대각 솔리드+인크리스레이어 (1)

2) 후대각 솔리드+인크리스레이어 (2)

3) 사이드가르마 인크리스레이어

4) 센터가르마 인크리스레이어

5) 비대칭 그래쥬에이션+레이어

6) 비대칭 그래쥬에이션

7) 그래쥬에이션 보브

8) 비대칭 솔리드+그래쥬에이션

9) 원랭스+레이어(1)

10) 원랭스+레이어(2)

11) 수평 보브

12) Medium 그래쥬에이션

13) 비대칭 수평보브

14) 비대칭 Medium 그래쥬에이션

15) 그래쥬에이션 +세임레이어

16) 레이어+그래쥬에이션

17) High 그래쥬에이션

18) 후대각 세임 레이어

19) 전대각 Medium 그래쥬에이션

20) 솔리드+그래쥬에이션

21) 세임 레이어+그래쥬에이션

(1) 후대각 솔리드 + 하이 레이어 (1)

Tip : 무게감 있는 롱헤어 스타일에 크라운 부분을 고정 디자인 라인으로 약간의 층을 주어 비트펌을 시술함으로서 사랑스러운 이미지를 연출한다.

앞

옆

뒤

스타일링 완성사진

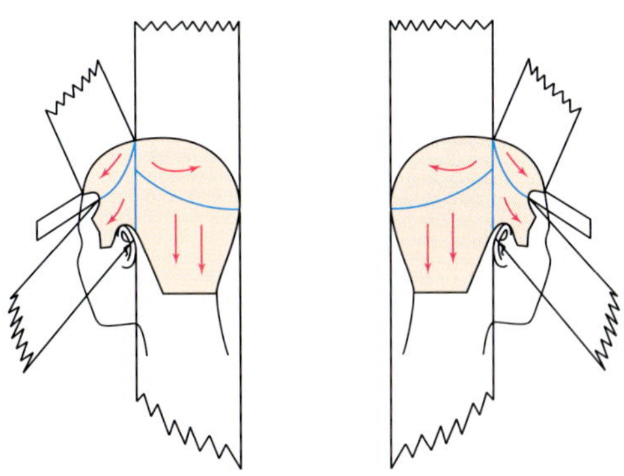
도해도

1-1

1-2

1-3

1-1~3 : 블로킹 : 프린지 부분은 F.S.P ~ T.P ~ F.S.P, Ear-TO-Ear, 크라운(Crown)부분으로 구간을 나눈다.

1-4~5 : 프린지의 가운데 부분은 코 선에 맞추어 레저를 사용하여 수평으로 커트한다.

1-6~8 : 가운데 프린지 가이드 선에 맞추어 양쪽으로 길어지게 컨케이브 라인으로 커트한다.

1-9~10 : 중간 각도로 들어 포인트 커트하여 질감처리 한다.

1-11

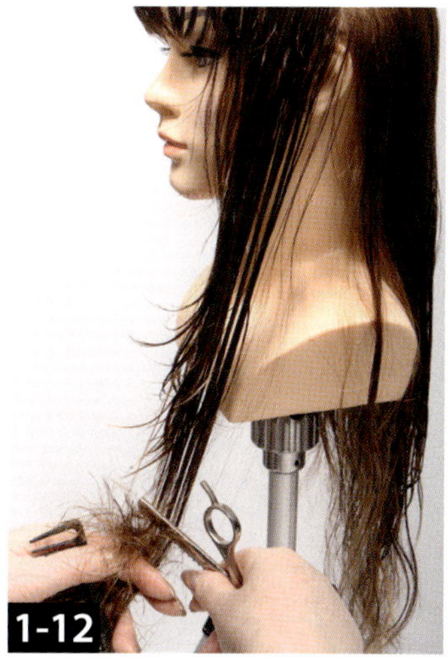
1-12

1-13

1-11~13 : 사이드는 얼굴 앞쪽으로 빗질하여 레저로 슬라이드 한다. 얼굴 앞쪽에서 반대쪽 사선으로 빗질하여 가위로 끝선을 정리한다.

1-14

1-15

1-16

1-14~16 : 반대쪽과 동일하게 시술한다.

1-17

1-18

1-19

1-17~19 : E.P를 가이드로 자연 각도 0˚, 손 위치는 비평행의 후대각 형태선을 잡아 레져로 커트한다.

1-20

1-21

1-20~21 : 반대쪽과 동일하게 시술한다.

1-22

1-23

1-22~23 : 중간 각도로 들어 포인트 커트하여 질감처리를 한다.

1-24

1-25

1-26

1-24~26 : E.P.의 길이를 가이드 라인으로 패널의 1/5선을 정리한다.

1-27

1-28

1-29

1-27~29 : 크라운 부분을 V파팅하여 위로 똑바로 들어올려 수평으로 커트한다.

1-30

1-31

1-32

1-33

1-30-33 : 방사선파팅을 이용하여 위로 똑바로 들어올려 90˚로 커트한다.

1-34

1-35

1-34~35 : 사이드부분을 두상 90˚로 들어 형태선이 잘리지 않도록 커트한다.

1-36

1-37

1-38

1-36~38 : G.P를 중심으로 방사선 파팅하여 온베이스 90˚로 페널의 1/5을 정리한다.

1-39

1-40

1-41

1-42

1-39~42 : 비트펌(버티컬 와인딩)

1-43

1-44

1-45

1-43~45 : 커트 완성사진

(2) 후대각 솔리드 + 하이 레이어 (2)

Tip : 후대각 형태의 무게감있는 커트선과 소량의 층을 준 하이 레이어 형의 혼합된 형태로 매직 스트레이트를 하기 위한 클래식한 롱 헤어 스타일이다.

앞

옆

뒤

스타일링 완성사진

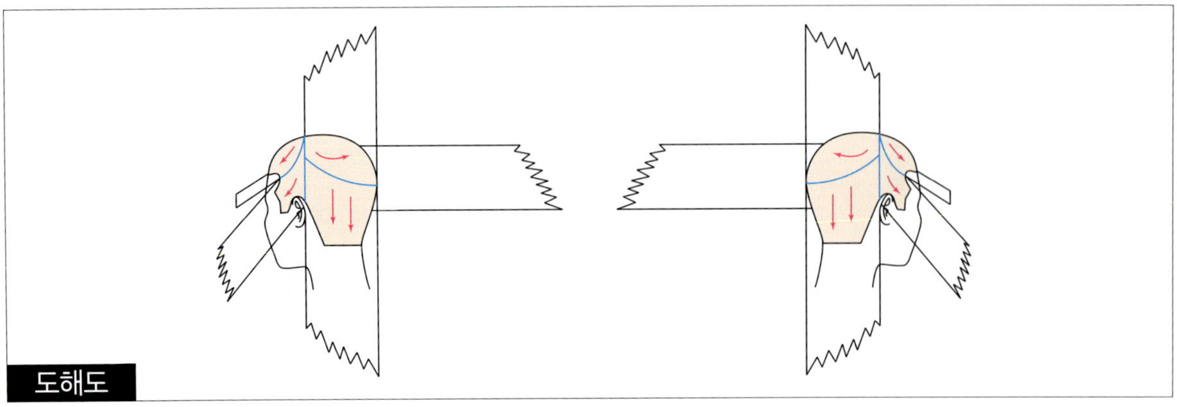
도해도

2-1

2-2

2-3

2-1~4 : 블로킹 : 프린지 F.S.P ~ T.P ~ F.S.P(1cm정도의 작은 파팅을 만든다), E-TO-E, 크라운(Crown)부분은 V섹션으로 블로킹한다.

2-5~7 : 프린지부분은 대각파팅, 직각으로 빗질하여 낮은 각도로 손 위치를 평행하게 하여 첫 파팅을 고정으로 하여 눈 끝선부터 시작하는 비대칭라인을 만든다. 레져로 커트한다.

2-8~9 : 턱선을 가이드로 커트한다.

2-10~11 : 90°로 들어 포인트 커트하여 질감처리를 한다. 사이드는 레져를 이용하여 슬라이드 기법으로 커트한다.

2-12~13 : E.P를 기준선으로 후대각으로 커트한다.

2-14 : 네이프부분에 가이드 라인을 설정한다.

2-15 : 크라운부분을 V파팅하여 앞쪽으로 당겨서 커트한다.

2-16~18 : G.P를 중심으로 방사선 파팅하여 이동 디자인 라인으로 체크 커트한다.

2-19~20 : 양쪽 사이드 부분은 밑에서 위쪽으로 세 번 이동하여 체크 커트한다.

2-21~24 : 커트 완성사진

(3) 사이드가르마 하이 레이어

Tip : 후대각 라인(Diagonal Back Line)의 하이 레이어형으로 가벼운 층을 주어 펌이 어울리는 엘레강스한 스타일이다.

3-30~33 : 스타일링 완성사진

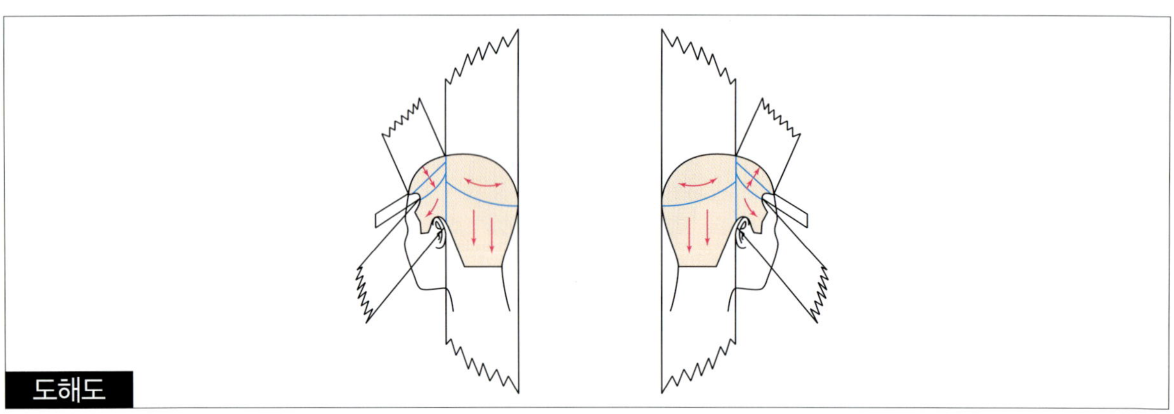

3-1

3-2

3-3

3-1~3 : 블로킹 : 프린지 F.S.P ~ T.P ~ F.S.P, E-TO-E, 크라운(Crown)둥근 삼각파팅으로 나눈다.

3-4

3-5

3-6

3-7

3-4~7 : 왼쪽눈썹 앞머리를 기준으로 삼각형을 나눈다. 가이드는 턱선에 맞춰 커트한다. 대각 파팅, 직각으로 빗질하여 컨케이브 라인을 만든다.

3-8

3-9

3-8~9 : 사이드는 F.S.P를 가이드로 낮은 각도, 파팅선과 다르게 빗질하여 레저를 이용한 슬라이드 기법으로 커트한다.

3-10

3-11

3-10~11 : 엑스테리어 부분은 파팅선과 다르게 빗질하여 사이드를 기준으로 하여 후대각 라인이 나오도록 당겨 커트한다.

3-12

3-13

3-12~13 : 반대쪽과 동일하게 레저를 이용하여 시술한다.

3-14~15 : 형태선을 가위로 정리한다.

3-16 : 크라운부분은 위로 똑바로 들어 비평행한 손 위치로 시술한다.

3-17~18 : 프린지부분을 삼각섹션으로 나누어 크라운 부분과 연결하여 90°로 들어 올려 커트한다.

3-19~20 : 고정 디자인 라인을 이용하여 네이프까지 연결하여 커트한다.

3-21

3-22

3-23

3-23.5

3-24

3-21~24 : 리셋션라인으로 가로로 세등분하여 90°로 커트한 뒤 크라운 부분은 방사선 파팅을 이용하여 커트한다. 우측도 동일한 방법으로 시술한다.

3-25

3-26

3-27

3-25~27 : 프론트 부분을 중심으로 방사선 파팅하여 전체 커트를 연결한다.

3-28

3-29

3-30

3-28~29 : 디지털 펌 안말음

3-31

3-32

3-33

3-34

3-31~34 : 커트 완성사진

(4) 센터가르마 하이 레이어

Tip : 후대각 형태에 층을 많이 표현한 하이 레이어로 웨이브로서 큰 율동감이 있는 엘레강스한 이미지를 연출한다.

4-28~30 : 스타일링 사진

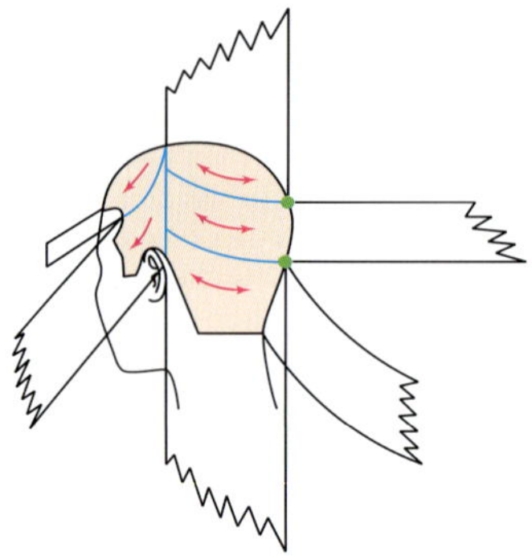

도해도

4-1~3 : 블로킹 : 프린지 F.S.P ~ T.P ~ F.S.P, E-TO-E, 크라운(Crown)은 B.N.M.P를 중심으로 둥근 파팅으로 나눈다.

4-4

4-4.5

4-4~4.5 : 프린지는 턱 선 밑에 가이드 선을 잡고 컨케이브라인으로 레저 커트한다.

4-5

4-5 : 프린지 부분을 앞쪽 높은 각도로 밑단을 가이드로 포인트 커트한다.

4-6

4-7

4-8

4-6~8 : 양쪽 사이드는 F.S.P를 가이드로 슬라이드 커트한다.

4-9

4-10

4-11

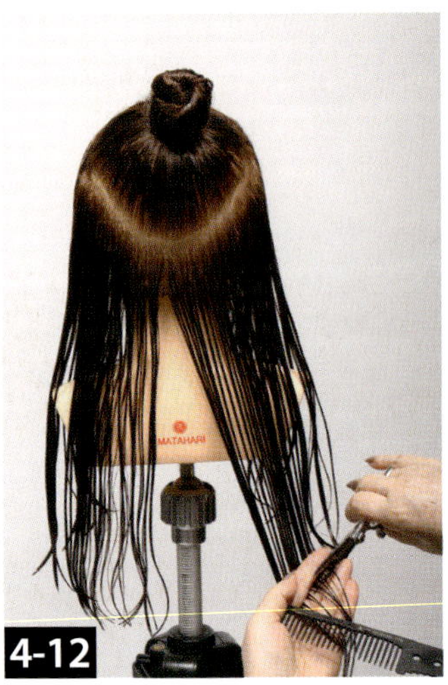

4-12

4-9~12 : 엑스테리어 부분은 사이드와 연결하여 직각으로 빗질하여 가위를 이용해 커트한다.

4-13

4-14

4-15

4-13~15 : 엑스테리어 부분을 높은 각도로 들어 체크 커트한다.

4-16

4-17

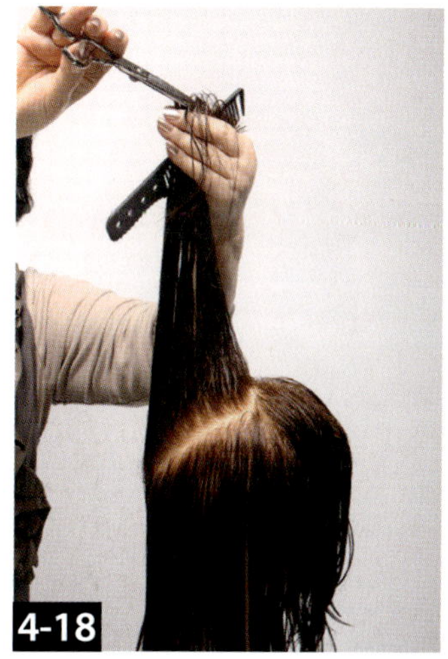
4-18

4-16 : 크라운 부분을 둥글게 파팅을 잡고 90˚로 커트한다.

4-17~18 : V파팅을 나누어 T.P 길이를 가이드로 위로 똑바로 들어 손가락은 비평행으로 커트한다.

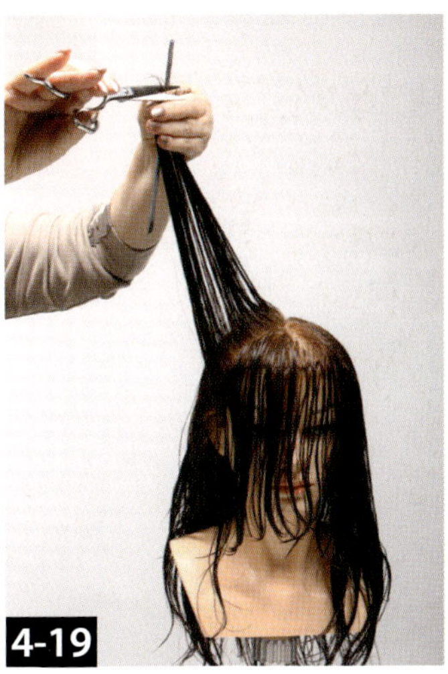
4-19

4-20

4-19~20 : 방사선으로 네이프까지 연결한다.

4-21

4-22

4-23

4-21~23 : 양쪽 사이드는 F.S.P를 가이드로 슬라이드 커트한다.

4-24

4-25

4-26

4-27

4-24~27 : 커트 완성사진

4-28

4-29

4-30

4-28~30 : 열펌 안말음

(5) 비대칭 그래쥬에이션 + 레이어

Tip : 네이프 부분의 레이어형과 백부분에 볼륨감을 형성한 그래쥬에이션, 크라운 부분은 하이 레이어가 혼합된 형태로 개성있는 헤어스타일을 표현한다.

앞

옆

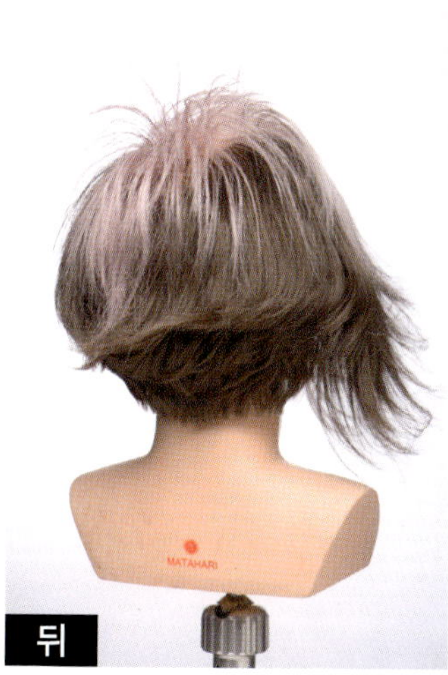
뒤

스타일링 사진

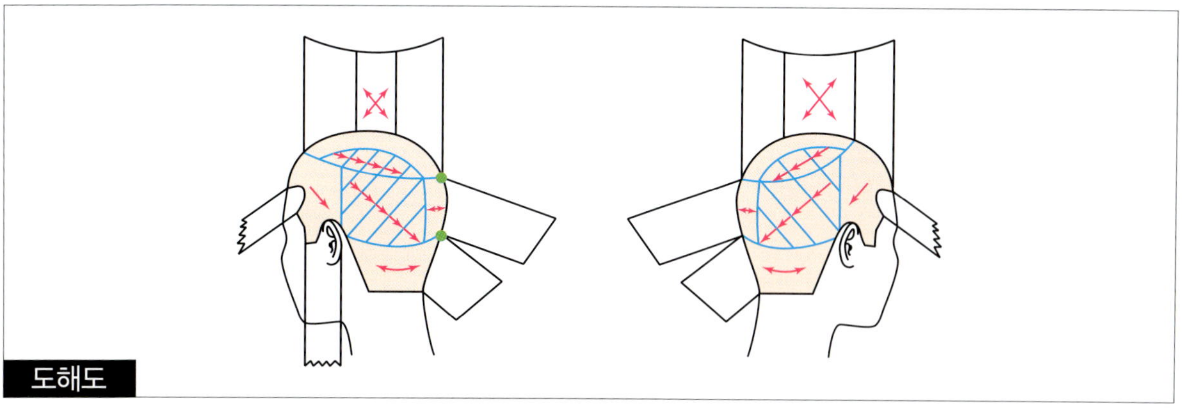
도해도

5-1

5-2

5-3

5-1~3 : 블로킹 : 센터를 중심으로 프론트 부위에 다이아몬드 섹션, 사이드 E-TO-E, 백 부분을 중심로 블로킹한다.

5-4

5-5

5-6

5-7

5-8

5-9

5-4~8 : 네이프 부분은 온베이스 90°로 커트한 뒤 0°로 형태선을 정리한다.

5-9 : 백 부분은 밑선을 가이드로 버티컬 파팅, 45° 각도로 커트한다.

5-10

5-11

5-12

5-10~12 : 전대각 파팅 후, 아랫선을 가이드로 직각으로 빗질하여 커트한다.

5-13 : 버티컬 섹션, 백 부분과는 상관 없이 비대칭으로 레져로 커트한다.

5-14~15 : 고정 디자인 라인으로 13번 선을 기준으로 커트한다.

5-16 : 좌측 백 부분은 전대각 섹션으로 직각빗질 45°로 커트한다.

5-17 : 사이드는 뒷선을 가이드로 수평으로 가위로 커트한다.

5-18~18.5 : 아랫선을 기준으로 전대각 파팅, 직각빗질 커트한다.

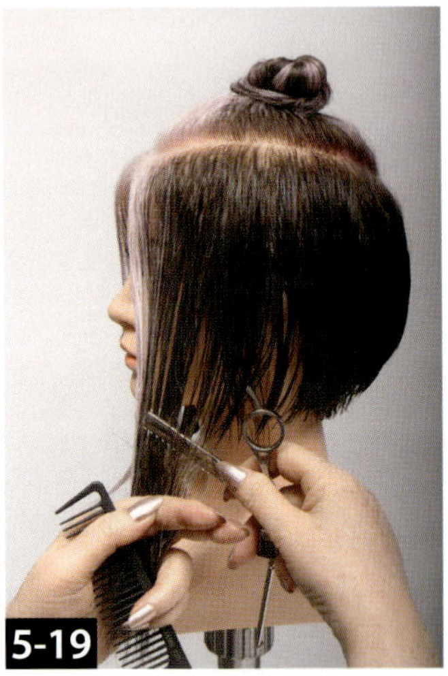
5-19

5-20

5-21

5-19~21 : 형태선을 레져로 정리한다.

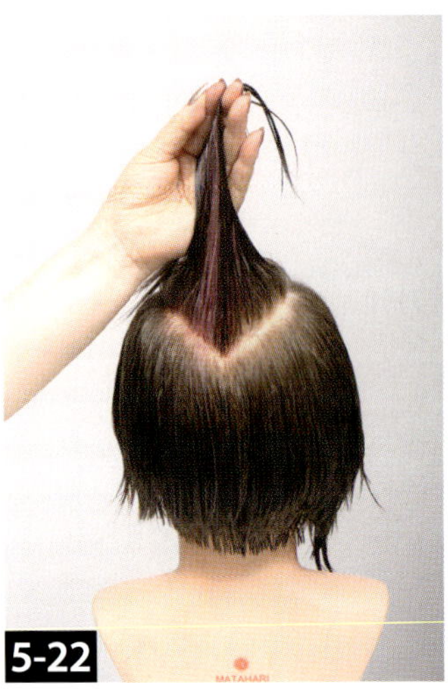
5-22

5-23

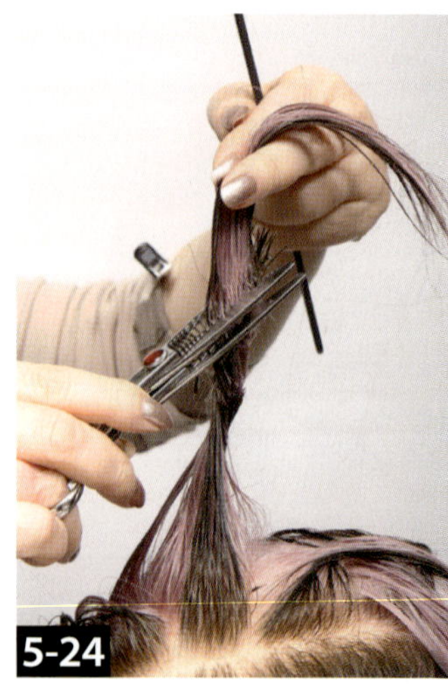
5-24

5-22~24 : 크라운 부분은 위로 똑바로 들어올려 손가락은 비평행하게 커트한다. 모발을 트위스트 한 뒤 틴닝으로 모발의 1/5 선을 질감처리한다.

5-25

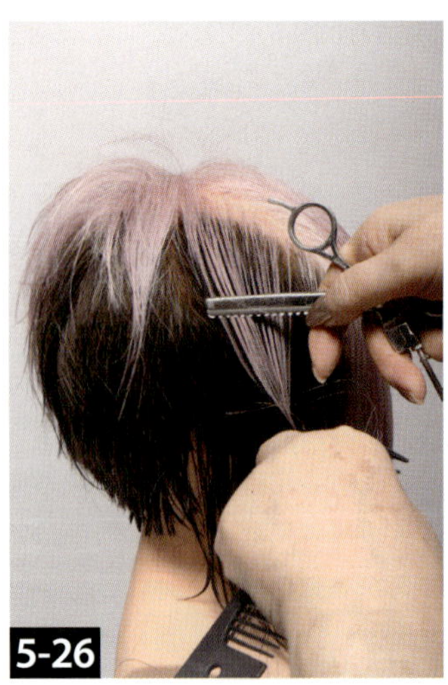
5-26

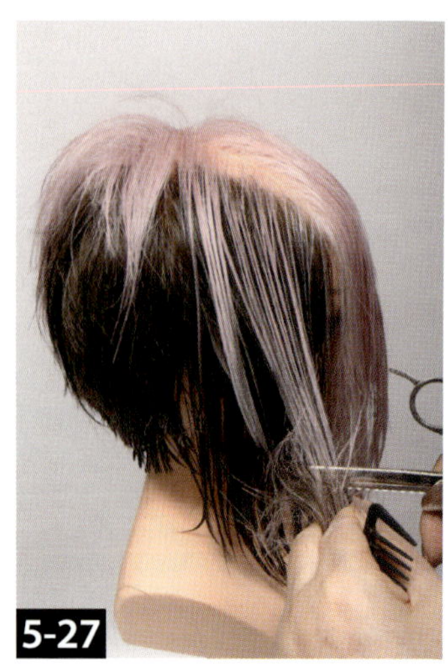
5-27

5-10~12 : 전대각 파팅 후 아랫선을 가이드로 직각빗질하여 커트한다.

5-25~29 : 27번 선을 기준으로 직각빗질하여 커트한다.

5-30 : 프린지 삼각 파팅 후 왼쪽으로 당겨 커트한다.

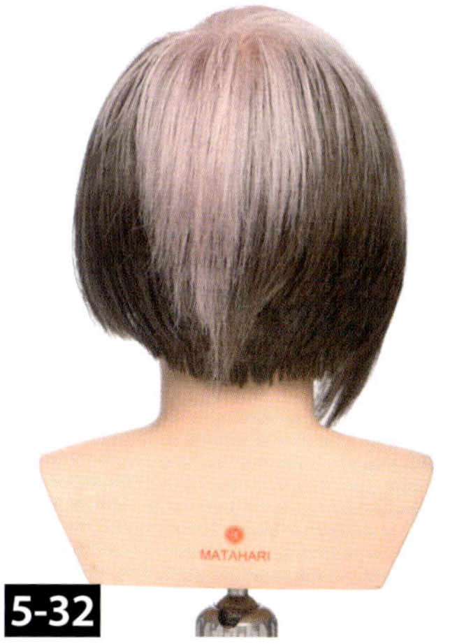

5-31~33 : 커트 완성 사진

(6) 비대칭 그래쥬에이션

비대칭 보브 스타일로 양 사이드가 비대칭이며 백부분에 볼륨감을 형성하여 도시적인 이미지를 연출한다.

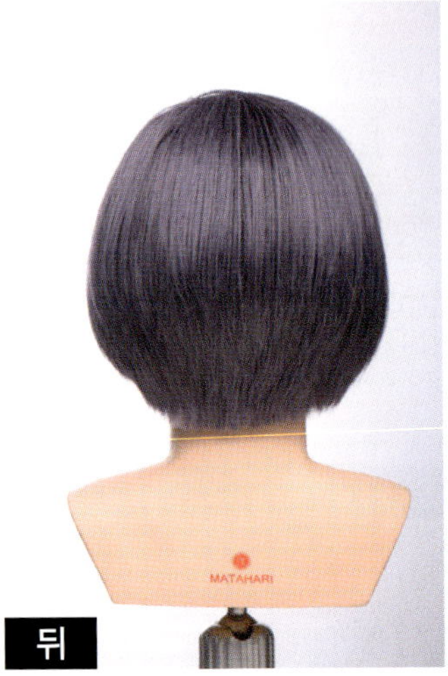

스타일링 사진

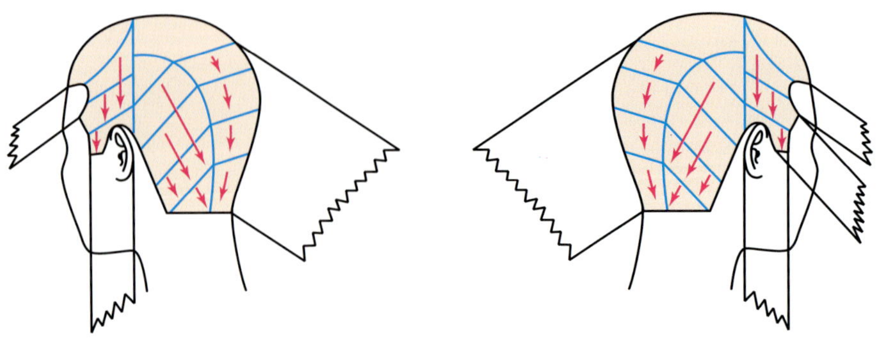

도해도

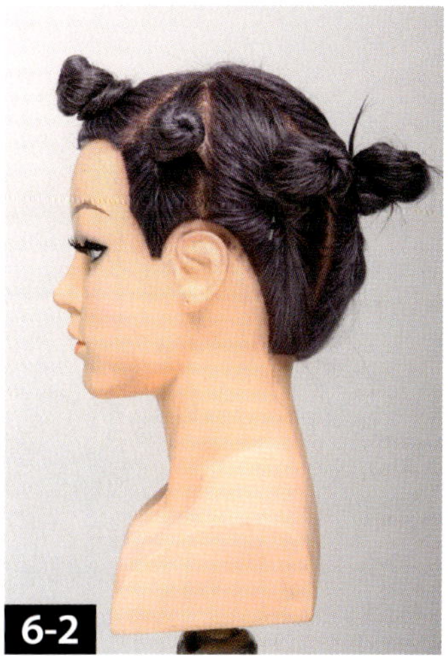

6-1~4 : 블로킹 : 프린지 F.S.P ~ T.P ~ F.S.P, E–TO–E, 백부분은 삼등분 나누어 블로킹한다.

6-5

6-6

6-7

6-8

6-5~8 : 프린지 부분은 레져를 이용해 턱선에 맞춰 컨케이브 라인으로 커트한다.

6-9

6-10

6-11

6-9~10 : 전대각 파팅하여 턱선을 가이드로 0˚ 커트한다.

6-12

6-13

6-14

6-11~14 : 반대쪽 사이드도 전대각 파팅하여 언밸런스로 0° 커트한다.

6-15

6-16

6-17

6-18

6-19

6-15~19 : 백부분 중 중앙 부분은 수평파팅하여 B.P 보다 밑 기장으로 가이드를 설정하고 중간각도로 커트한다. 아래 파팅으로 내려가면서 윗선을 가이드로 중간시술각으로 맞추어 커트한다.

6-20

6-21

6-22

6-23

6-24

6-25

6-26

6-27

6-20~26 : 양쪽 백 사이드 부분은 전대각 파팅하여 변형 빗질, 중간각도로 백 부분과 연결하여 커트한다.

6-27 : 질감처리는 방사선파팅하여 틴닝을 이용해 커트한다.

6-28

6-29

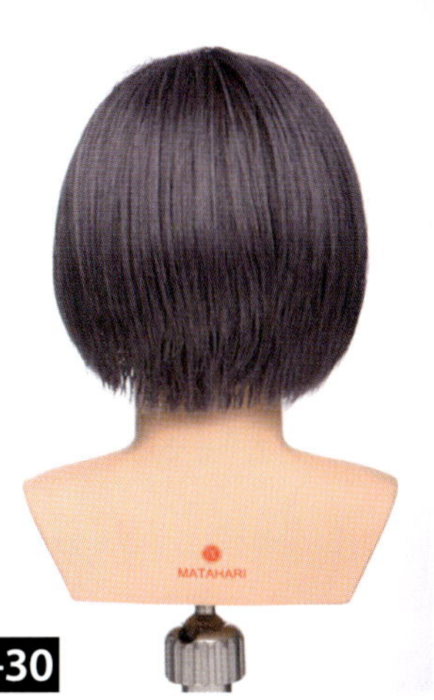
6-30

6-31

6-28~31 : 커트 완성사진

(7) 그래쥬에이션 보브

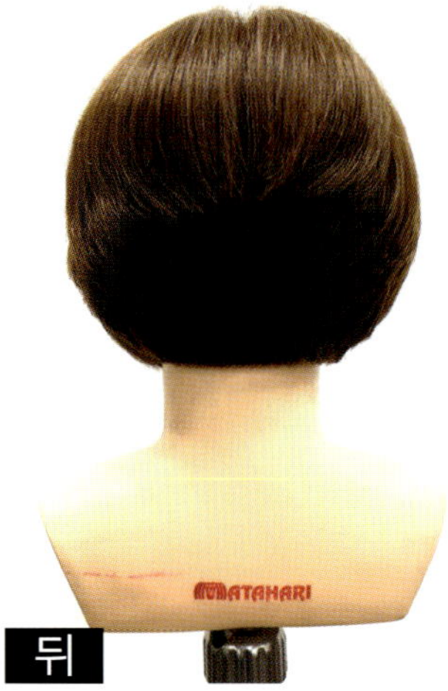

스타일링 사진

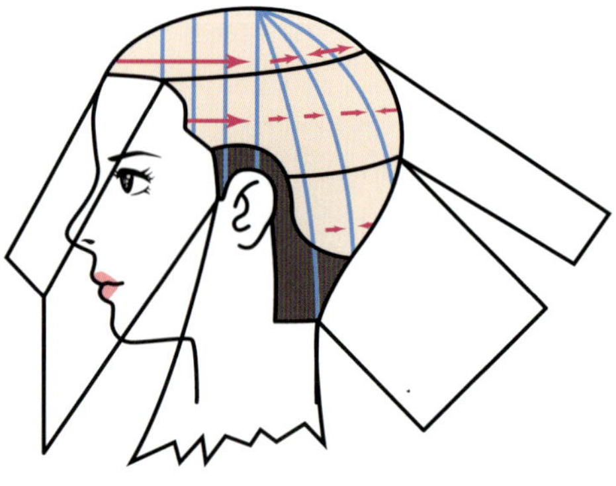

도해도

a. 레져 커트 방법

7-1 : 탑포인트에서 방사선 섹션으로 빗질 후 맨 위 탑부분의 모발을 잡아 길이가이드를 B.P 설정 (실제 가이드는 B.P보다 살짝 밑으로 잡아 말랐을 때 올라가는 것 방지)

7-2 : 아래로 내려가며 섹션을 떠서 가이드에 맞춰 레져 커트

7-3 : 맨 마지막은 원하는 길이에 맞춰서 목선에서 레져 커트

7-4 : 백 사이드는 가이드를 잡아 앞쪽이 길어지도록 가운데로 사이드 베이스 레져 컷 한다.

7-5 : 아래로 내려가며 섹션을 떠서 가이드에 맞춰 사이드 베이스 레져 커트

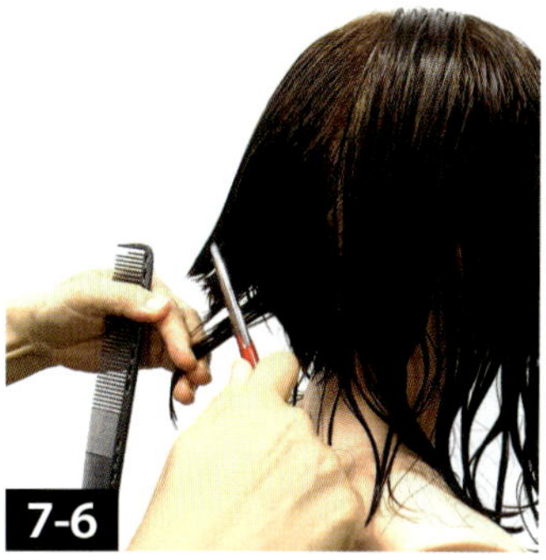

7-6 : 반대편 백사이드 가이드를 잡아 앞쪽이 길어지도록 가운데로 사이드 베이스 레져 컷 한다.

7-7 : 아래로 내려가며 섹션을 떠서 가이드에 맞춰 사이드 베이스 레져 커트

7-8 : E.B.P 부분은 0도로 내려서 길이에 맞춰 레져 커트

7-9 : 사이드 부분은 세로로 백사이드의 가이드에 맞춰 전대각 선과 연결하여 사이드 베이스 레져 커트

7-10 : 사이드 부분은 세로로 백사이드의 가이드에 맞춰 전대각 선과 연결하여 사이드 베이스 레져 커트

7-11 : 반대편 백사이드도 동일하게 가이드에 맞춰 가운데로 사이드 베이스 레져 커트

7-12 : 앞머리는 F.S.P 까지 삼각으로 둥글게 3등분(작은삼각, 중간삼각, 큰삼각)으로 분할하여 나눈다

7-13 : 작은삼각은 앞머리 길이를 어디까지 할지 결정하여 코선과 옆가르마선에 맞추어 커트

7-14 : 중간삼각도 옆가르마 쪽으로 당겨서 레져 커트

7-15 : 큰 삼각도 옆 가르마 쪽으로 당겨서 레져 커트

7-16 : 양쪽 옆 길이 밸런스 체크

7-17 : 레져 커트 완성 - 앞

b. 가위 보정커트

7-18

7-18 : 정중선을 분할하여

7-19

7-19 : 네이프 부분(B.N.M.P) 레자로 튀어나온 부분이 있는지 보정 커트 한다.

7-20

7-20 : 네이프 부분(B.N.M.P) 가위로 튀어나온 부분이 있는지 보정 커트 한다.

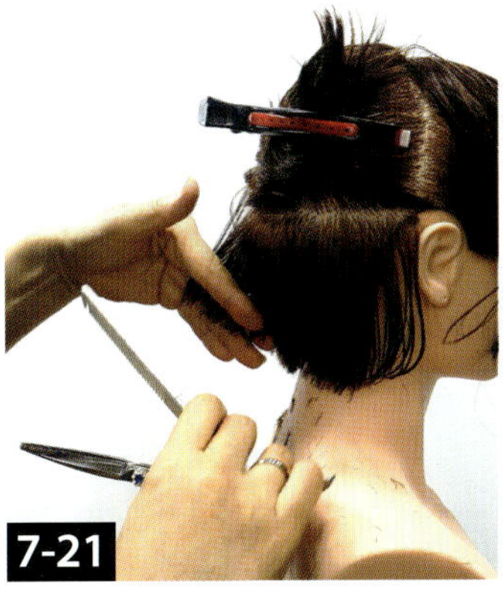

7-21

7-21 : E.P 까지 블로킹을 분할하여 정중선 온베이스 세로 섹션 가이드 보정 커트

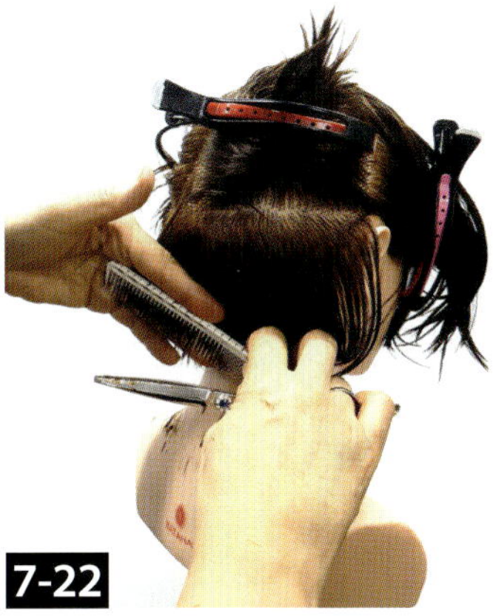

7-22

7-22 : 옆부분은 수직에 가까운 전대각 사선섹션 사이드 베이스하여 보정 커트한다.

7-23

7-23 : 옆에도 마찬가지로 전대각 사선섹션 사이드 베이스하여 보정 커트한다.

7-24

7-24 : 이어라인 부분은 0도로 낮춰서 커트한 후 들어서 보정 커트한다.

7-25

7-25 : 반대편도 마찬가지로 수직에 가까운 전대각 사선섹션 사이드 베이스하여 보정 커트한다.

7-26

7-26 : 옆에도 마찬가지로 전대각 사선섹션 사이드 베이스하여 보정 커트한다.

7-27 : 이어라인 부분은 0도로 낮춰서 커트한 후 들어서 보정 커트한다.

7-28 : 윗부분 4~5cm 정도 블로킹

7-29 : 정중선 온베이스 하여 세로 섹션 가이드 보정 커트

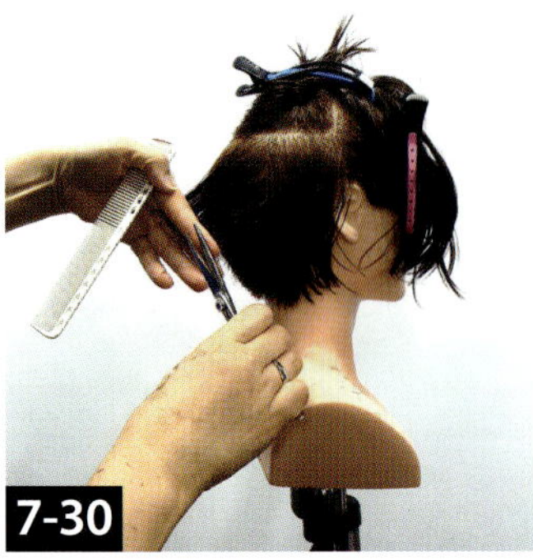

7-30 : 옆부분은 수직에 가까운 전대각 사선섹션 사이드 베이스하여 보정 커트한다.

7-31 : 옆에도 마찬가지로 전대각 사선섹션 사이드 베이스하여 보정 커트한다.

7-32 : 이어라인 부분은 0도로 낮춰서 커트한 후 들어서 보정 커트한다.

7-33 : 반대편도 마찬가지로 수직에 가까운 전대각 사선섹션 사이드 베이스하여 보정 커트한다.

7-34 : 옆에도 마찬가지로 전대각 사선섹션 사이드 베이스하여 보정 커트한다.

7-35 : 이어라인 부분은 0도로 낮춰서 커트한 후 들어서 보정 커트한다.

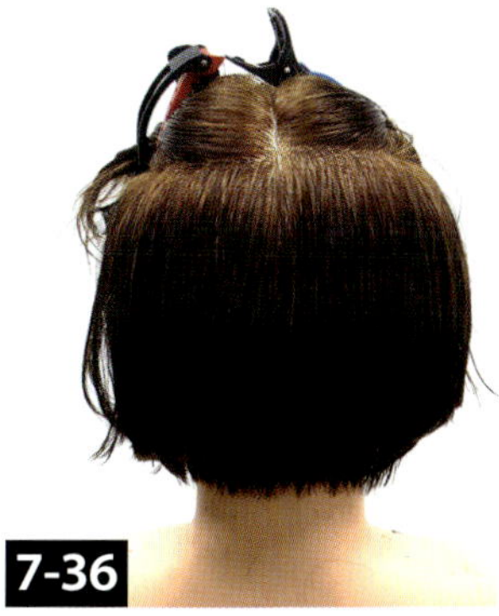

7-36 : 윗부분 4~5cm 정도 블로킹

7-37 : 정중선 온베이스 하여 세로 섹션 가이드 보정 커트

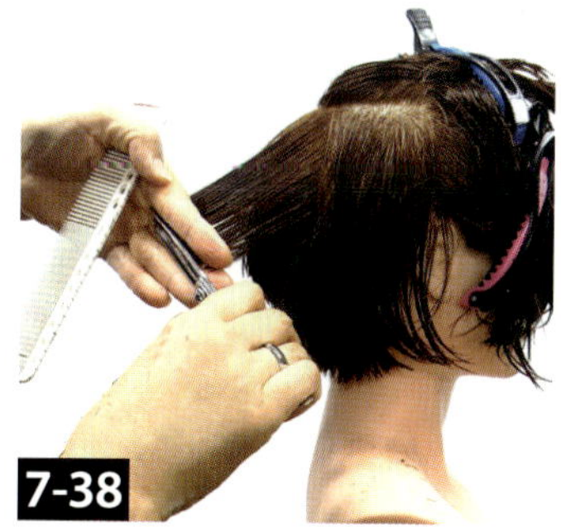

7-38 : 옆부분은 수직에 가까운 전대각 사선섹션 사이드 베이스하여 보정 커트한다.

7-39 : 옆에도 마찬가지로 전대각 사선섹션 사이드 베이스하여 보정 커트한다.

7-40 : 반대편도 마찬가지로 수직에 가까운 전대각 사선섹션 사이드 베이스하여 보정 커트한다.

7-41 : 옆에도 마찬가지로 전대각 사선섹션 사이드 베이스하여 보정 커트한다.

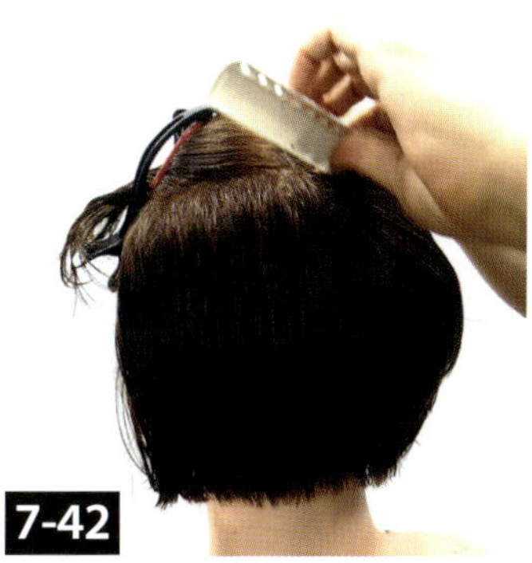

7-42 : 윗부분 4~5cm 정도 블로킹

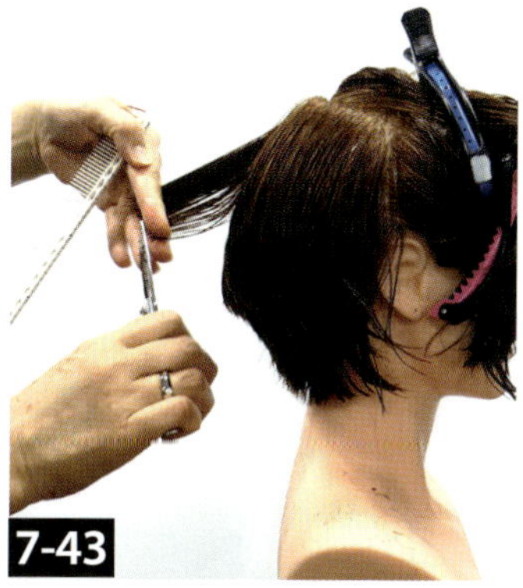

7-43 : 정중선 온베이스 하여 세로 섹션 가이드 보정 커트

7-44 : 옆부분은 수직에 가까운 전대각 사선섹션 사이드 베이스하여 보정 커트한다.

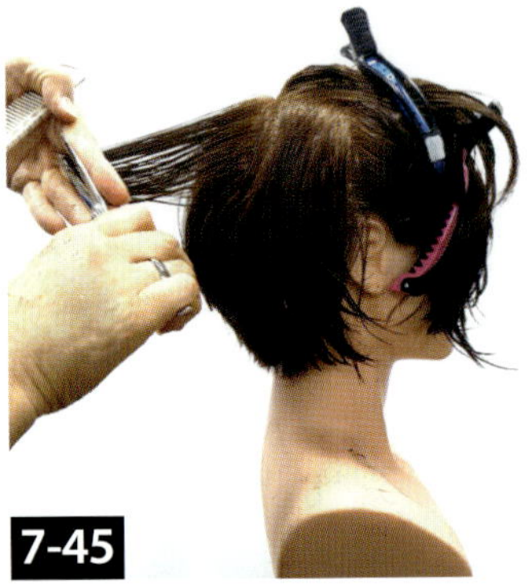

7-45 : 옆에도 마찬가지로 전대각 사선섹션 사이드 베이스하여 보정 커트한다.

7-46 : 반대편도 마찬가지로 수직에 가까운 전대각 사선섹션 사이드 베이스하여 보정 커트한다.

7-47 : 옆에도 마찬가지로 전대각 사선섹션 사이드 베이스하여 보정 커트한다.

7-48 : 탑포인트 까지 전부 내려 정중선 온 베이스 하여 세로 섹션 가이드 보정 커트

7-49 : 옆부분은 수직에 가까운 전대각 사선섹션 사이드 베이스하여 보정 커트한다.

7-50 : 옆에도 마찬가지로 전대각 사선섹션 사이드 베이스하여 보정 커트한다.

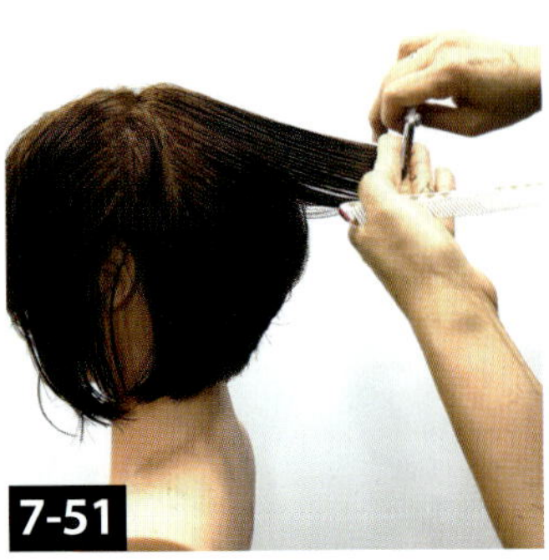

7-51 : 반대편도 마찬가지로 수직에 가까운 전대각 사선섹션 사이드 베이스하여 보정 커트한다.

7-52 : 옆에도 마찬가지로 전대각 사선섹션 사이드 베이스하여 보정 커트한다.

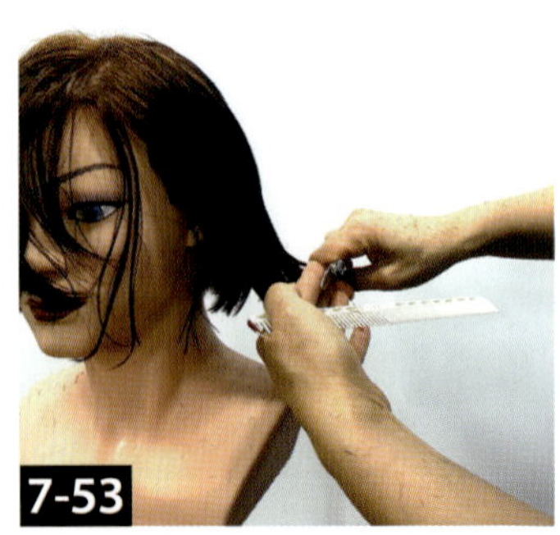

7-53 : 사이드 부분도 전대각 길이에 맞춰 사이드 베이스 보정 커트 한다.

7-54 : 보정 커트 후 들어서 튀어 나온 머리를 정리해 주면 훨씬 가벼운 스타일이 연출된다.

7-55 : 슬라이싱 기법을 활용하여 모량 조절, 방향 조절을 해준다.

7-56 : F.S.P의 앞머리 부분은 남겨놓고 사이드를 구분한다.

7-57 : 반대편 사이드 부분도 사선섹션 사이드 베이스하여 보정 커트한다.

7-58 : 보정 커트 후 들어서 튀어 나온 머리를 정리해 주면 훨씬 가벼운 스타일이 연출된다.

7-59 : 슬라이싱 기법을 활용하여 모량 조절, 방향 조절을 해준다.

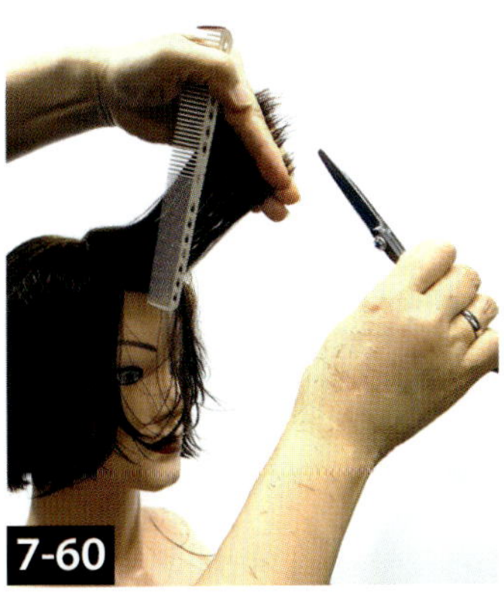

7-60 : 앞머리 꼭지점을 기점으로 삼각분할 후 들어서 튀어나온 부분 체킹

7-61 : 이후 앞머리 부분 슬라이싱을 활용하여 모량 조절, 방향 조절을 해준다.

7-62

7-63

7-64

7-65

7-62~65 : 커트완성사진

(8) 비대칭 솔리드 + 그래쥬에이션

사이드가 비대칭 형태로 백부분에 볼륨감이 있는 그래쥬에이션 형태로 도시적인 이미지를 연출한다.

앞

옆

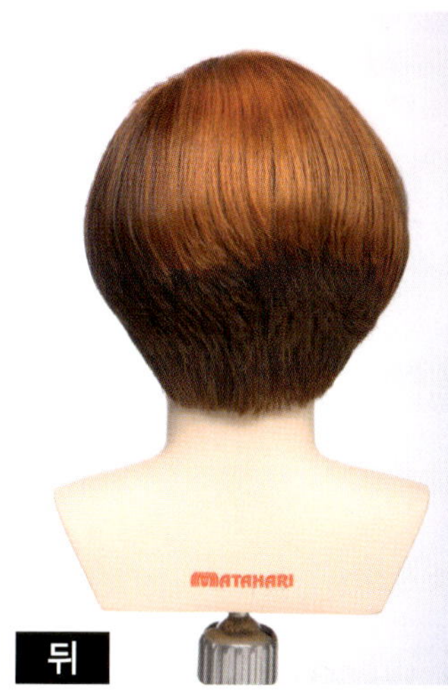
뒤

스타일링 사진

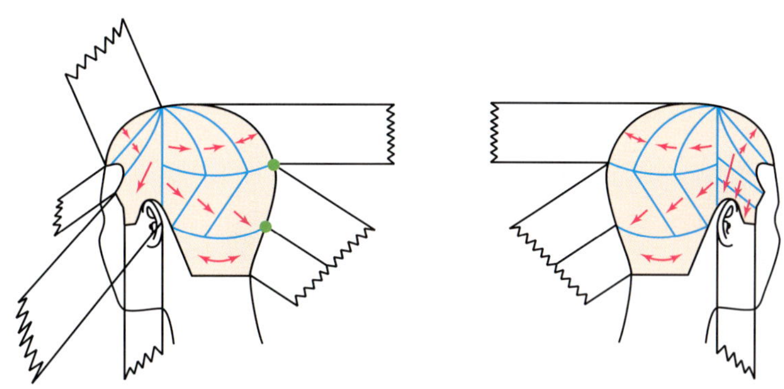
도해도

8-1

8-2

8-1~2: 1~2 블로킹 : 프린지 F.S.P ~ T.P ~ F.S.P를 나눈 뒤 안에 작은 삼각형 2개 블로킹을 나눈다. E-TO-E, 백부분은 가로로 3등분하여 블로킹한다.

8-3

8-4

8-3~4 : 왼쪽 프린지 부분은 코선에 맞추어 가이드 라인을 설정한다.

8-5

8-6

8-7

8-5~7 : 오른쪽 프린지는 왼쪽 선에 맞추어 직각빗질하여 오른쪽이 길어지도록 커트한다.

8-8

8-9

8-10

8-11

8-12

8-8~12 : 왼쪽 사이드는 수평파팅하여 위쪽부터 프린지와 연결하여 커트한다.

8-13

8-14

8-15

8-16

8-15~16 : 오른쪽 사이드는 왼쪽보다 길게 가이드를 설정하여 전대각으로 커트한다.

8-17

8-18

8-17~18 : 자연각도 0°로 커트한다.

8-19

8-20

8-19~20 : 온베이스로 잡아 체크커트한다.

8-21

8-22

8-23

8-24

8-25

8-21~25 : 버티컬 섹션으로 45°각도로 밑선과 연결하여 커트한다. 사이드로 갈수록 변형 빗질하여 커트한다.

8-26

8-27

8-28

8-26~28 : 밑선을 가이드로 연결하여 중간각도로 커트한다.

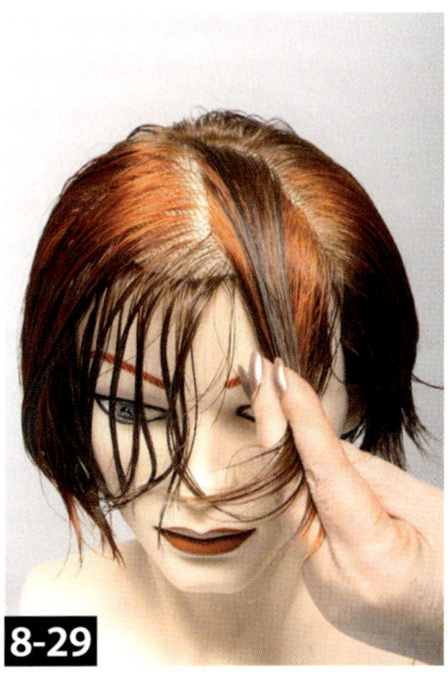
8-29

8-30

8-31

8-32

8-33

8-34

8-34.5

8-29~34.5 : T.P를 중심으로 방사선파팅하여 체크 커트한다.

8-35

8-35 : 질감처리는 엔드테이퍼링으로 틴닝을 이용하여 커트한다.

8-36

8-37

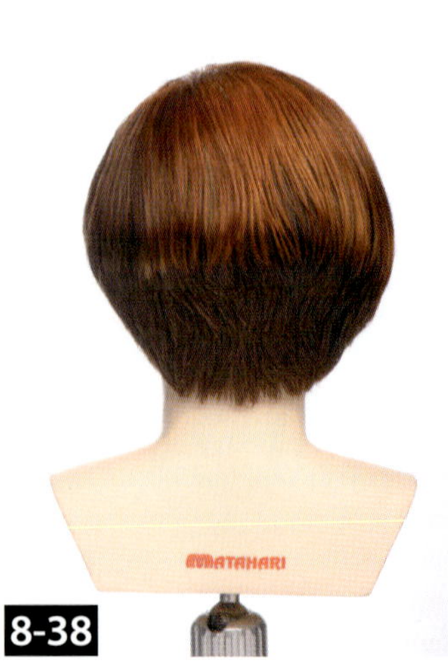

8-38

8-39

8-36~39 : 커트완성사진

(9) 원랭스 + 레이어(1)

모발의 형태선은 후대각 라인(Diagonal Back Line)의 솔리드 형태의 무게감을 형성하고 크라운 부분은 이동 디자인 라인으로 하이 레이어형으로 커트하여 발랄한 이미지를 표현한다.

앞

옆

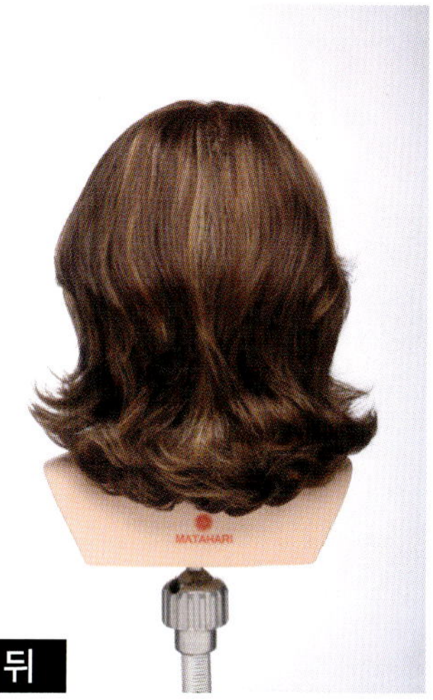

뒤

스타일링 사진

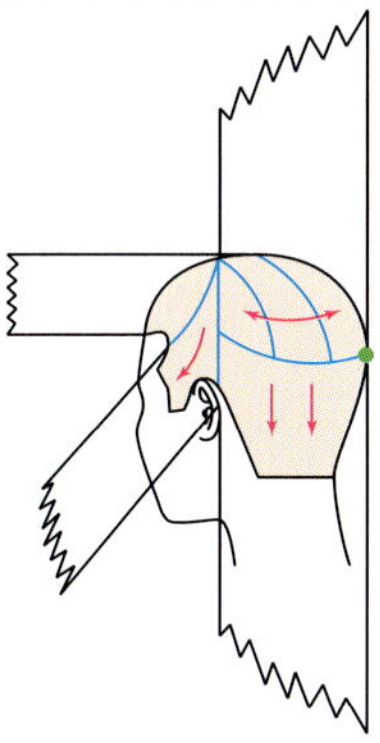

도해도

9-1

9-2

9-3

9-4

9-1~4 : 블로킹 : 프린지 F.S.P ~ T.P ~ F.S.P 안에 3등분 블로킹, E-TO-E, 크라운 부분은 둥근 라인으로 블로킹한다.

9-5

9-6

9-7

9-8

9-5~8 : 프린지 부분은 코선을 가이드 라인으로 컨케이브 커트한다. 중간각도로 들어 가위로 정리한다.

9-9

9-10

9-11

9-9~10 : 사이드 부분은 레져를 이용하여 슬라이드로 커트한다.

9-12

9-13

9-14

9-15

9-16

9-11~16 : 엑스테리어 부분은 사이드와 연결한 후 이동하며 커트한다.

9-17

9-18

9-19

9-17~19 : 인테리어 부분은 방사선 파팅을 이용하여 위로 똑바로 들어 고정하여 커트한다.

9-20

9-21

9-22

9-23

9-20~23 : 양사이드 부분은 세번 이동하여 체크 커트한다.

9-24

9-25

9-26

9-24~26 : 비트펌

9-27

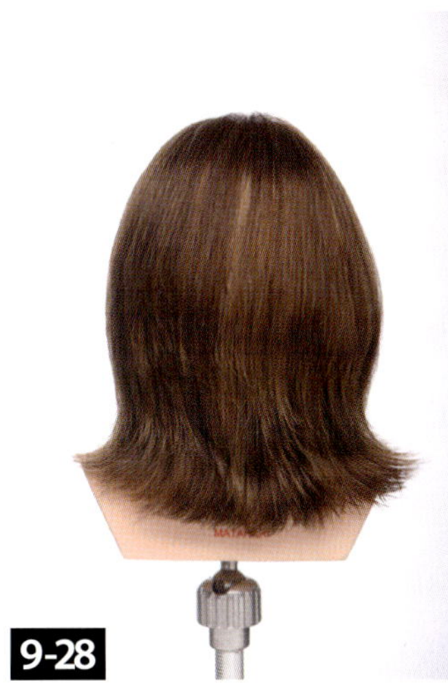
9-28

9-29

9-30

9-27~30 : 커트 완성사진

(10) 원랭스 + 레이어(2)

모발의 형태선은 후대각 라인(Diagonal Back Line)의 솔리드 형태의 무게감을 형성하고 탑부분은 고정 가이드 라인으로 하이 레이어 형을 표현하여 거친 질감의 스타일을 연출한다.

스타일링 완성사진

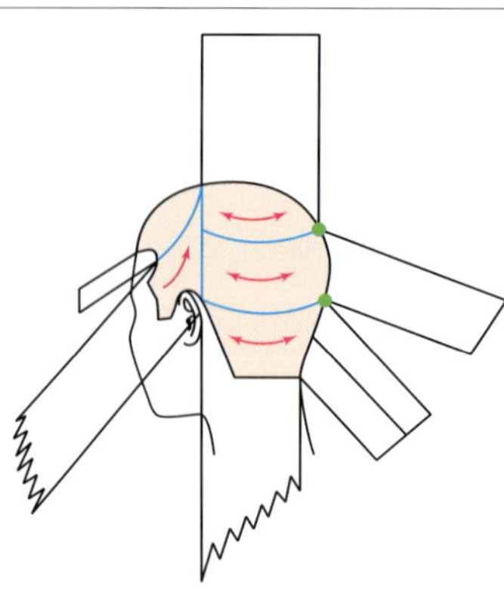

도해도

10-1

10-2

10-3

10-4

10-1~4 : 블로킹 : E-TO-E를 기준으로 2등분한다. 크라운부분을 둥글게 블로킹, B.N.M.P를 중심으로 블로킹한다.

10-5

10-6

10-5~6 : 프린지 부분은 오른쪽으로 직각빗질하여 눈동자 선을 가이드로 커트한다.

10-7

11-8

10-7~8 : 코선을 중심으로 왼쪽으로 직각빗질하여 커트한다.

10-9

10-10

10-11

10-9~11 : 양쪽 사이드는 턱선을 기준으로 프린지와 연결하여 커트한다.

10-12

10-13

10-14

10-15

10-16

10-17

10-12~17 : 두 번째 블로킹은 앞선을 기준으로 손 위치는 비평행하게 들어올려 커트한다.

10-18

10-19

10-20

10-21

10-22

10-23

10-24

10-18~24 : 엑스테리어는 사이드를 가이드 라인으로 양쪽으로 빗질하여 뒤쪽이 길어지도록 커트한다. 틴닝으로 질감처리한다.

10-25

10-26

10-27

10-25 : 왼쪽으로 크라운 부분에 둥근 파팅을 나눠 새로운 가이드 라인을 설정한다.

10-26~27 : 크라운 부분에 V파팅으로 나누어 25번 가이드 선에 맞춰 연결한다.

10-28

10-29

10-30

10-28~29 : 버티컬 파팅을 나누어 V파팅과 연결하여 커트한다.

10-30~32 : 백사이드 부분도 25번 가이드 선에 맞추어 연결한다.

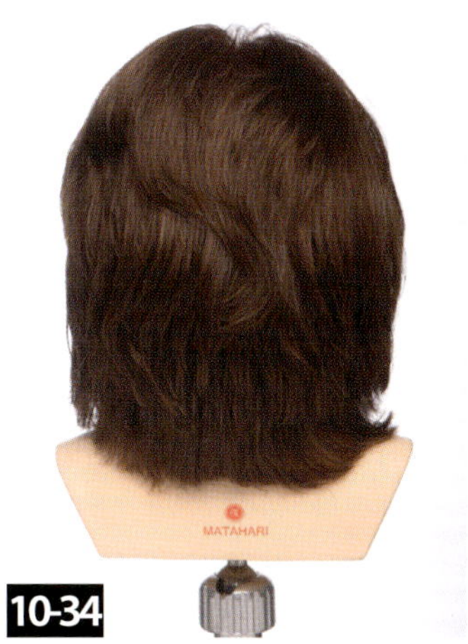

10-33~35 : 커트완성사진

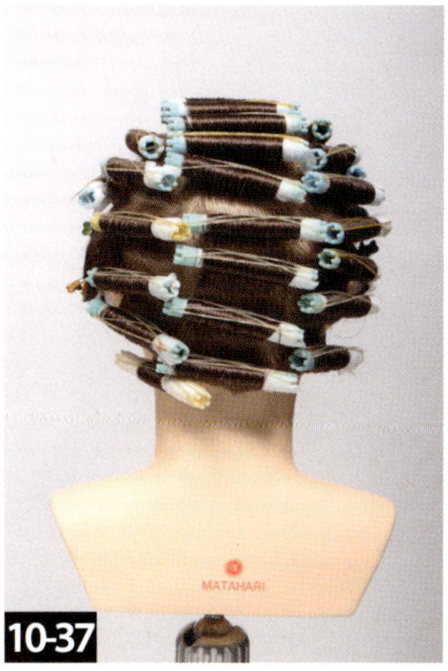

10-36~38 : 헤어라인부분 핀컬펌, 뒤에는 크리닉 웨이브펌

(11) 수평 보브

수평 파팅(Horizontal parting), 손 위치는 파팅과 평행, 자연빗질로 커트한다.
전체적으로 무거운 실루엣으로 귀여운 보브 스타일이다.

앞

옆

뒤

완성사진

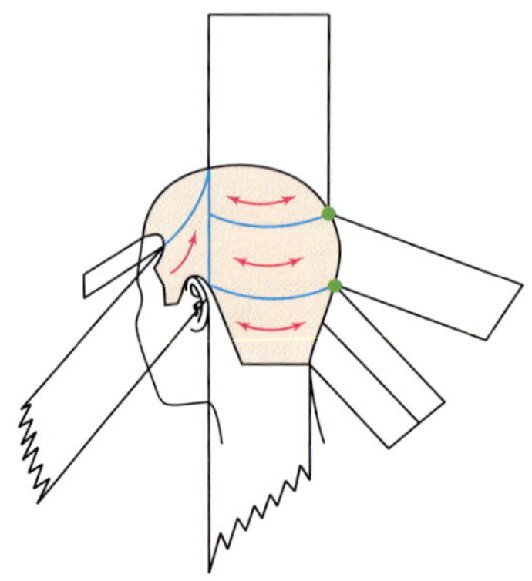
도해도

11-1

11-2

11-3

11-4

11-1~4 : 블로킹 : 작은 삼각 프린지, E-TO-E, B.P를 중심으로 윗부분으로 3등분 블로킹

11-5

11-6

11-7

11-5~7 : 프린지 부분은 코등 선에 맞추어 수평으로 커트한다. 앞쪽으로 90° 들어 틴닝으로 질감처리한다.

11-8

11-9

11-10

11-8~9 : 양 사이드는 레져를 이용하여 프린지와 연결해 일부분만 슬라이드 커트한다.

11-10 : 네이프 부분은 수평파팅, 가위로 커트한다.

11-11

11-12

11-13

11-11~12 : 온베이스로 들어 끝선을 정리한다.

11-14

11-15

11-16

11-13~16 : 아래선보다 좀 더 길게 수평으로 커트한다. 온베이스로 들어 끝선 소량 정리한다.

11-17

11-18

11-19

11-17 : 밑선에 연결하여 수평으로 커트한다.

11-20

11-21

11-22

11-23

11-24

11-25

11-18~25 : 양 사이드는 수평 파팅하여 뒷선와 연결하여 커트한 뒤 온베이스로 들어 끝선을 소량 정리한다.

11-26

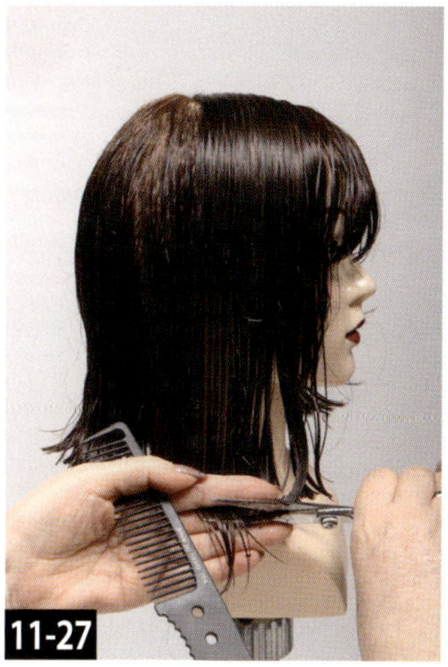
11-27

11-28

11-26~28 : 탑부분을 중심으로 왼쪽과 오른쪽을 번갈아가며 모발 전체를 끌어와 빗질하여 커트한다.

11-29

11-30

11-29~30 : 크라운 부분을 V파팅한 후 위로 똑바로 들어올려 체크커트한다.

(12) 미듐 그래쥬에이션

사이드는 후대각 파팅(Diagonal Back parting), 백부분은 수평 파팅(Horizontal parting) 중간 시술각을 이용한 커트로 전체적으로 무게감과 볼륨감이 있는 고급스러운 이미지를 연출한다.

스타일링 완성사진

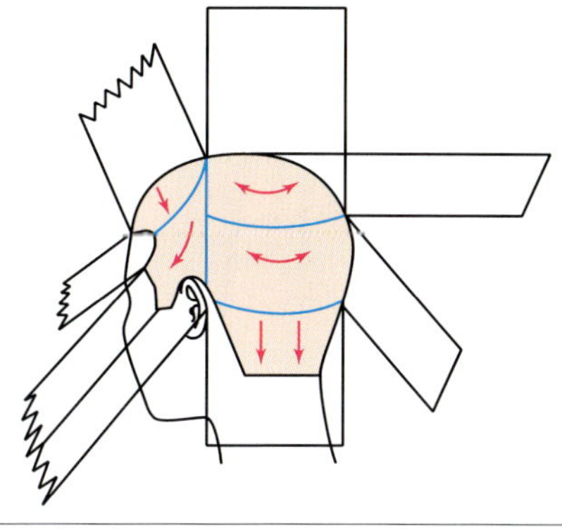

도해도

12-1

12-2

12-3

12-11

12-1~4 : 블로킹 : 프린지 F.S.P ~ T.P ~ F.S.P, E-TO-E, 백부분은 센터를 나눈 후 B.P를 중심으로 3등분한다.

12-5

12-6

12-5~6 : 프린지 부분은 왼쪽 눈썹 앞머리를 기준으로 레져를 이용해 컨케이브 라인으로 커트한다.

12-7

12-8

12-9

12-10

12-11

12-7~11 : 양사이드는 후대각 파팅 후 프린지와 연결하여 커트한다.

12-12

12-13

12-14

12-10~25 : 양 사이드는 수평 파팅하여 뒷선와 연결하여 커트한 뒤 온베이스로 들어 끝선을 소량 정리한다.

12-15

12-16

12-12~16 : 네이프 부분은 손 위치를 후대각으로 하여 사이드와 연결하여 커트한 후 온베이스로 들어 끝부분을 소량 정리한다.

12-17

12-18

12-19

12-20

12-21

12-22

12-23

12-24

12-25

12-17~25 : 45°각도를 유지하면서 옆선을 가이드로 커트한다.

12-26

12-27

12-28

12-29

12-30

12-31

12-26~31 : 프린지 삼각파팅을 3등분하여 위로 들어올려 끝선을 정리한다.

12-32

12-33

12-34

12-35

12-36

12-37

12-38

12-39

12-26~31 : 크라운 부분은 방사선 파팅하여 프린지에 맞춰 커트한다. 전체적으로 중심선을 잡아 이동하면서 체크 커트한다.

12-40

12-41

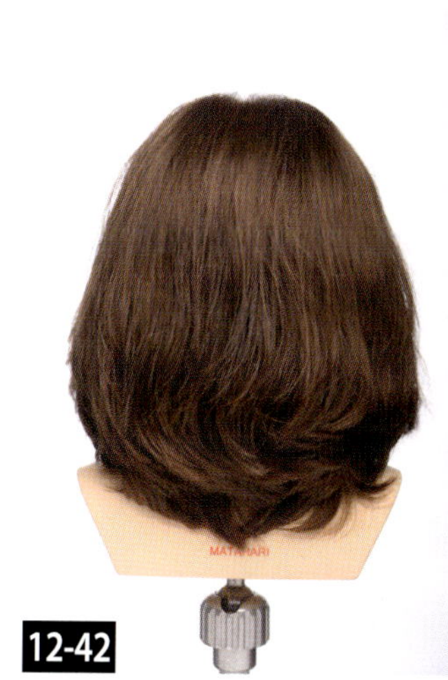
12-42

12-43

12-40~43 : 커트 완성사진

12-44

12-45

12-46

12-44~46 : 열펌 안말음

(13) 비대칭 수평보브

사이드는 후대각 파팅(Diagonal Back parting), 백부분은 수평 파팅(Horizontal parting) 중간 각도를 이용한 커트로 전체적으로 무게감과 볼륨감이 있는 고급스러운 이미지를 표현한다.

앞

옆

뒤

완성사진

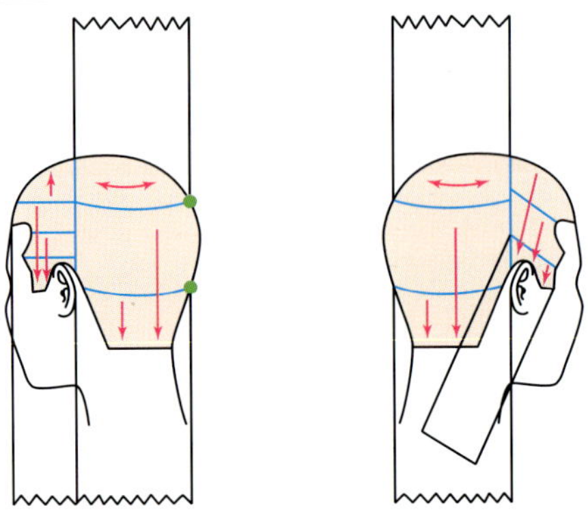

도해도

13-1

13-2

13-3

13-4

13-1~4 : 블로킹 : 프린지 E–TO–E 라인을 나누어 사진과 같이 블로킹한다.
크라운(Crown)둥근 삼각파팅으로 나눈다. 백부분은 수평 5등분으로 블로킹한다.

13-5

13-6

13 -7

13-5~7 : 프린지 부분은 코등 선에 맞추어 수평으로 커트한다. 앞쪽으로 90° 들어 틴닝으로 질감처리한다.

13-8

13-9

13-10

13-11

13-12

13-5~12 : 각도 0˚, 수평으로 커트한다.

13-13

13-14

13-13~14 : 크라운 부분은 방사선으로 파팅하여 위로 들어올려 고정한 뒤 손가락은 비평행하게 커트한다.

13-15

13-16

13-15~16 : 왼쪽 사이드는 수평 파팅하여 뒷선과 연결한다.

13-17

13-18

13-19

12-17~19 : 버티컬 섹션으로 파팅선과 다른 방향으로 빗질한 뒤 왼쪽보다 길게 비대칭으로 커트한다.

13-20

13-21

13-22

13-23

13-24

12-20~24 : 프린지는 오른쪽 사이드를 기준으로 하여 커트한다.

(14) 비대칭 미듐 그래쥬에이션

사이드가 비대칭 형태인 중간 그래쥬에이션으로 백부분에 볼륨감을 형성한 세련된 여성의 보브커트이다.

앞

옆

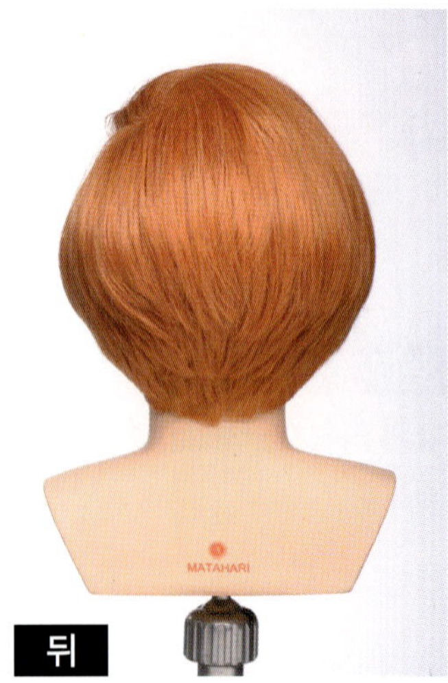

뒤

완성사진

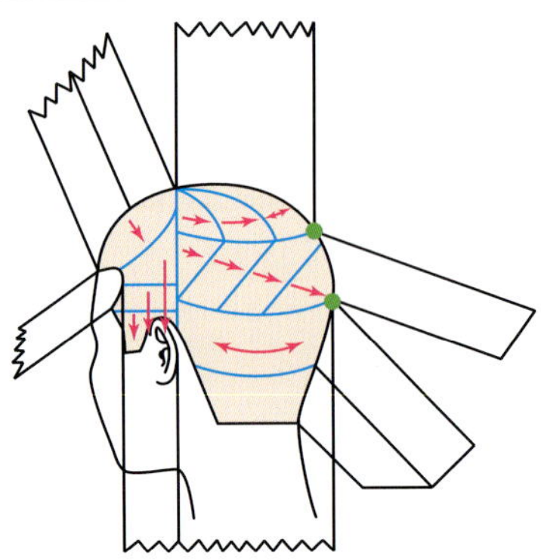

도해도

14-1

14-2

13-3

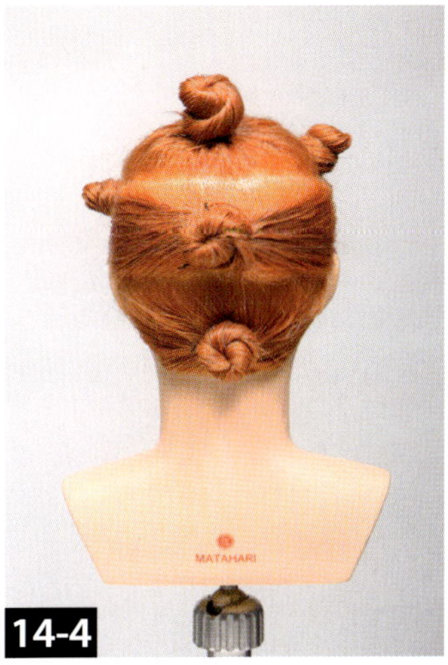
14-4

14-1~4 : 블로킹 : E-TO-E를 나눈 후 프린지는 사진과 같이 나눈다. 백부분은 크게 3등분을 한다.

14-5

14-6

14 -7

14-8

14-9

14-10

14-5~10 : 프린지 부분은 3등분 하여 첫 가이드는 파팅은 사선으로 코선에 맞추어 왼쪽으로 당겨 커트한다.
다음 파팅부터 낮은 각도로 고정하여 밑선에 맞춰 커트한다.

14-11

14-12

14-13

14-14

14-15

14-11~15 : 오른쪽사이드는 전대각파팅으로 45°로 커트한 후 프린지와 사이드를 슬라이드로 연결한다.

14-16

14-17

14-16~18 : 왼쪽 사이드는 전대각파팅 후 수평으로 커트한다.

14-18

14-19

14-20

14-18~20 : 네이프는 수평커트 0°로 커트한 뒤 온베이스로 들어 체크 커트한다.

14-21

14-22

14-23

14-24

14-25

14-21~25 : 중간 파팅은 버티컬 파팅으로 45°각도로 손가락은 비평행하게 커트한다.

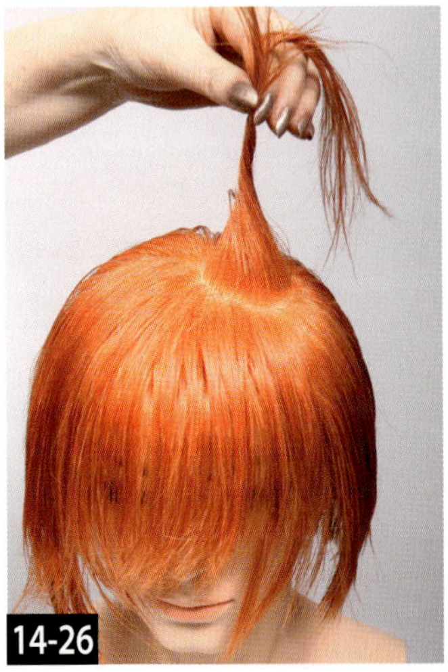
14-26

14-27

14-28

14-29

14-30

14-31

14-32

14-26~32 : 크라운 부분 좌측을 동그랗게 파팅을 나눈 뒤 짧게 가이드 라인을 설정한다. 원을 중심으로 방사선 파팅하고 가이드 선에 맞추어 고정 디자인 라인으로 커트한다.

(15) 그래쥬에이션 + 세임레이어

네이프는 세임레이어 형태와 백부분은 그래쥬에이션 형태로 연결된 커트로 중년 여성의 우아함을 연출한다.

앞

옆(좌)

옆(우)

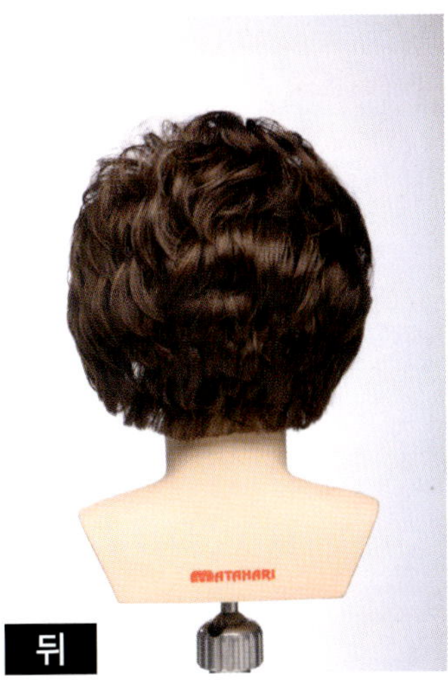
뒤

스타일링 완성사진

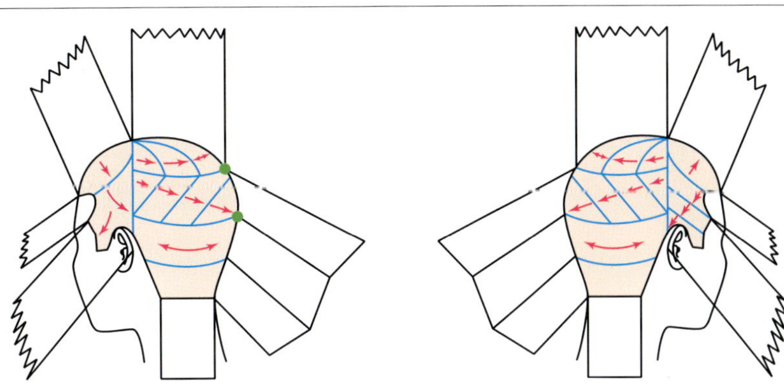
도해도

15-1

15-2

15-3

15-4

15-1~4 : 블로킹 : 프린지 F.S.P ~ T.P ~ F.S.P, E–TO–E, 백부분 3등분

15-5

15-6

15-7

15-8

15-9

15-5~9 : 프린지 왼쪽은 수평으로 레져를 사용하여 커트한 뒤 오른쪽프린지는 왼쪽선을 가이드로 오른쪽이 길어지도록 커트 한다.

15-10

15-11

15-12

15-10~12 : 양 사이드는 레져를 이용해 질감처리를 하면서 앞선과 연결하여 커트한다.

15-13

15-14

15-15

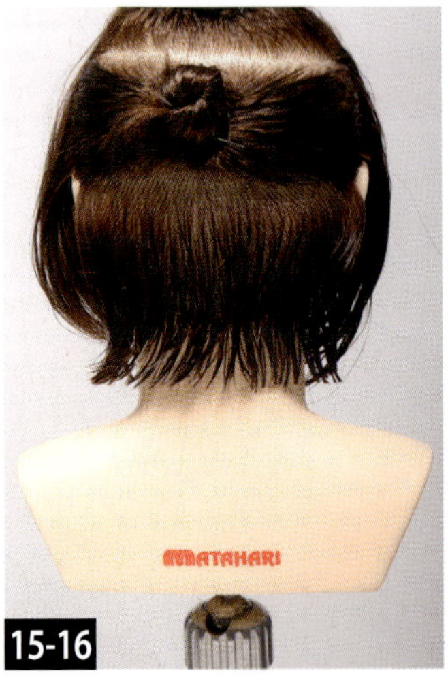
15-16

15-13~16 : 네이프는 수평 0˚로 커트한뒤 온베이스로 잡아 페널의 1/5선을 정리한다.

15-17

15-18

15-19

15-20

15-21

15-17~21 : 버티컬 파팅을 이용해 밑선에 연결하며 45˚로 손가락은 비평행하게 커트하며 우측은 아래서 위로 좌측은 위에서 아래로 커트한다. 질감처리는 버티컬로 귀 뒷선만 틴닝한다.

15-22 : 사이드는 뒷선과 연결하여 0°로 커트한다.

15-23~24 : 온베이스로 들어 좌측, 중앙, 우측으로 당겨 체크 커트한다.

15-25~29 : 옆 사이드과 동일한 방법으로 커트한다.

15-30

15-31

15-30~31 : 프린지 부분을 삼각파팅을 이용하여 90°로 커트한다.

15-32

15-33

15-32~33 : 크라운 부분은 탑과 연결하여 커트하고 다시 백포인트와 연결하여 커트한다.

15-34

15-35

15-36

15-37

15-38

15-39

15-34~39 : 리셋션을 파팅하여 온베이스로 가로 3등분하여 커트한다. 우측은 첫 파팅은 왼쪽을 가이드로 고정 디자인 라인하여 온베이스로 커트한다.

15-40

15-41

15-42

15-40~42 : 전체 중심선으로 세번 이동하여 체크 커트한다.

15-43

15-44

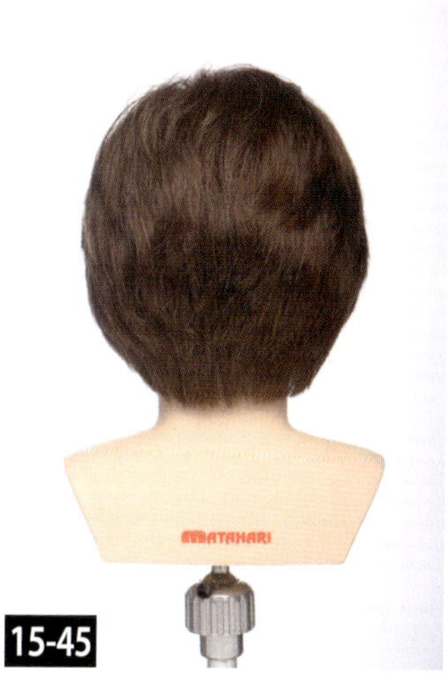
15-45

15-43~45 : 커트완성사진

15-46

15-47

15-48

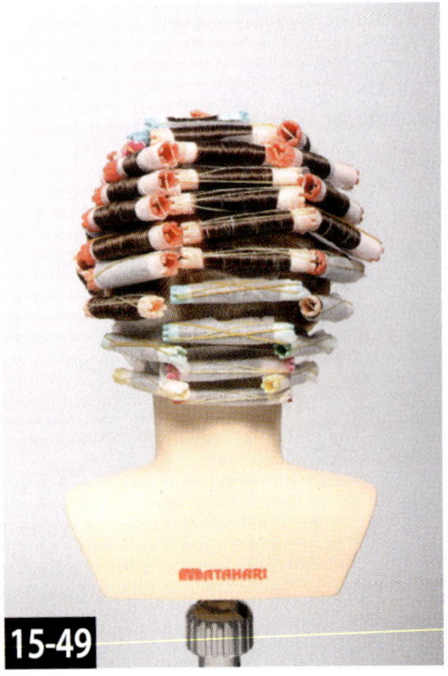

15-49

15-46~49 : 디자인펌

(16) 레이어 + 그래쥬에이션

후대각 라인(Diagonal Back Line) 형태의 백부분에 디스커넥션 커트가 이루어져 B.N.M.P에 공기감이 부여된 그래쥬에이션 스타일이다.

앞

옆

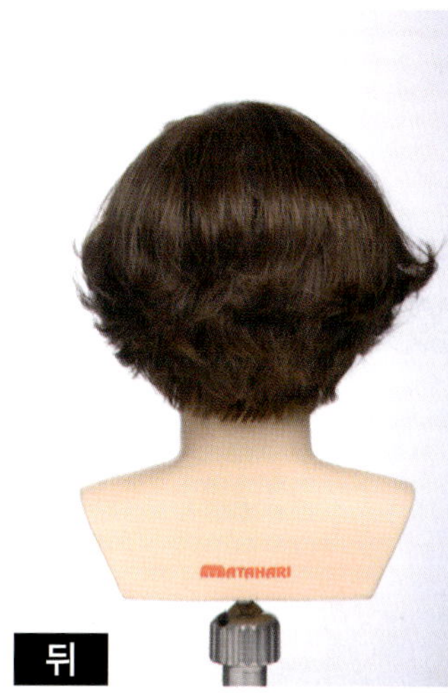
뒤

스타일링 완성사진

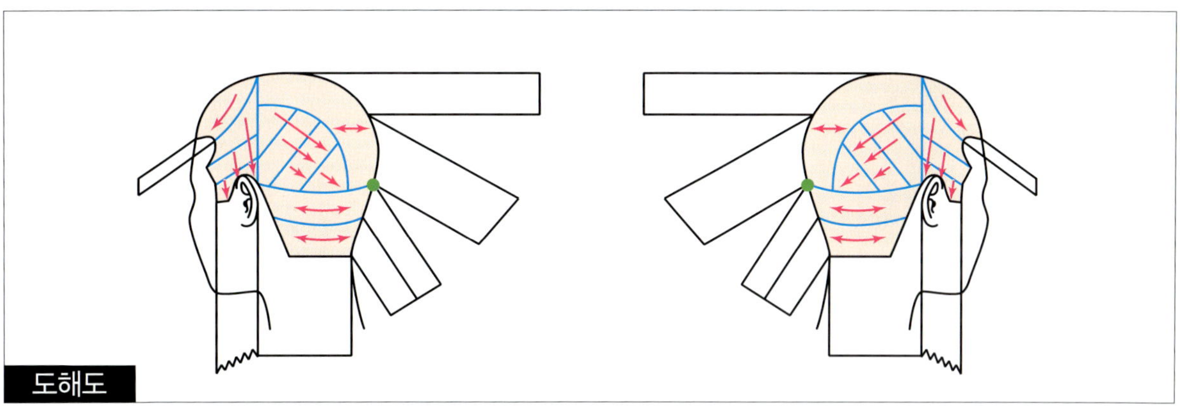
도해도

16-1

16-2

16-3

16-4

16-1~4 : 프린지 F.S.P ~ T.P ~ F.S.P, E-TO-E, 백부분은 4등분으로 블로킹한다.

16-5

16-6

16-7

16-5~7 : 수평파팅, 손 위치는 후대각을 이용해 온베이스로 커트한다.

16-8

16-9

16-10

16-11

16-8~11 : 두 번째 파팅은 디스커넥션으로 레져를 사용해 중간각도로 커트한다.

16-12

16-13

16-14

16-15

16-16

16-17

16-12~17 : 후대각 파팅. 파팅선에 직각으로 빗질하여 60°각도로 밑선을 가이드로 레져를 이용해 커트한다.

16-18

16-19

16-20

16-18~20 : 오른쪽 사이드는 전대각, 손가락은 평행하게 0°로 커트한다.

16-21

16-22

16-23

16-24

16-21~24 : 왼쪽 사이드는 전대각 파팅으로 첫단 0° 두 번째 파팅부터 45° 각도로 들어 프린지까지 왼쪽으로 당겨 레저를 이용해 커트한다.

16-25

16-25 : 프린지 부분은 삼각 파팅을 하여 직각들로 들어 커트하되 형태선을 자르지 않도록 주의한다.

16-26

16-27

16-28

16-26~28 : 전체적으로 방사선 파팅하여 직각으로 들어서 체크 커트한다.

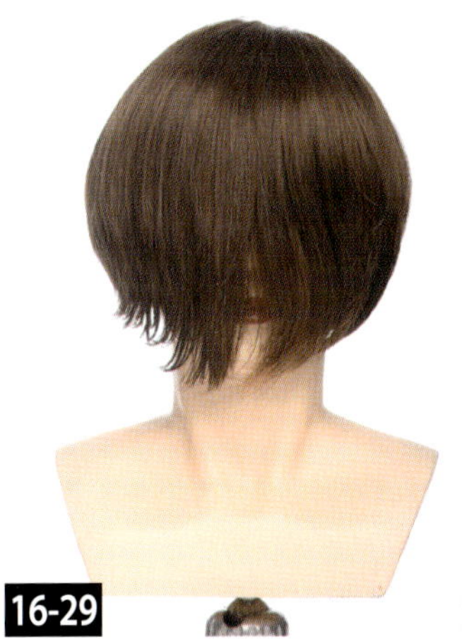
16-29

16-30

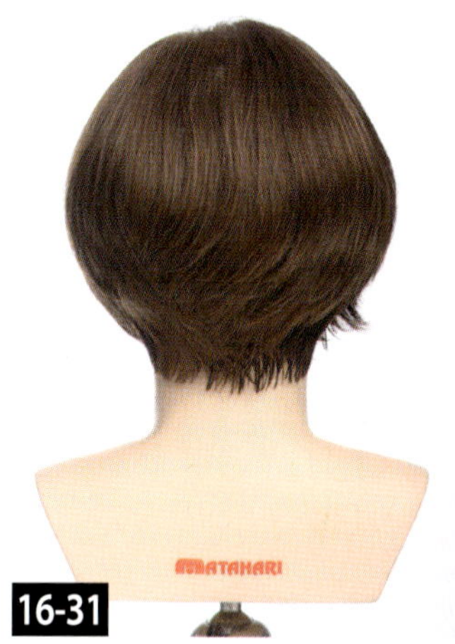
16-31

16-32

16-29~32 : 커트완성사진

(17) 하이 그래쥬에이션

비대칭 형태의 높은 각도를 이용한 그래쥬에이션 형태의 커트이다. 프론트 부위가 볼륨감이 있는 형태로 우아한 분위기를 연출한다.

스타일링 완성사진

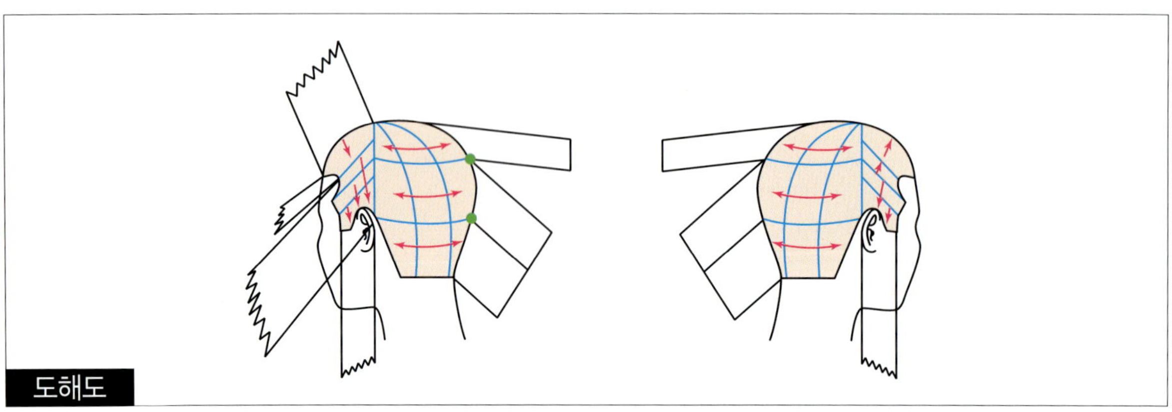

17-1~4 : 블로킹 : 프린지 F.S.P ~ T.P ~ F.S.P, E–TO–E, 백부분은 사진과 같이 3등분한다.

17-5~7 : 수평파팅, 손 위치는 후대각을 이용해 온베이스로 커트한다.

17-8

17-9

17-5~9 : 프린지 부분은 2개 파팅으로 나누어 레져를 이용해 컨케이브라인으로 커트한 뒤 앞쪽 90˚로 들어 커트한다.

17-10

17-11

17-12

17-10~12 : 왼쪽 사이드는 수평 파팅으로 나눈 뒤 수평 커트한다.

17-13

17-14

17-13~14 : 오른쪽 사이드는 전대각 파팅으로 나눈 뒤 첫단 0˚ 두 번째 파팅은 직각으로 빗질하여 45˚로 커트한다.

17-15

17-16

17-17

17-15~17 : 네이프 부분은 0˚로 커트한 뒤 온베이스로 들어 페널의 1/5선을 정리한다.

17-18

17-19

17-18~19 : 두 번째 파팅은 45˚로 밑선을 가이드로 커트한다.

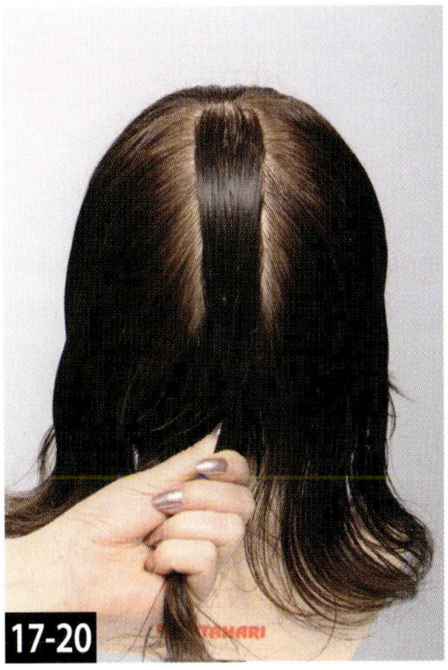
17-20

17-21

17-22

17-20~22 : 수평파팅, 손 위치는 후대각을 이용해 온베이스로 커트한다.

17-23~25 : 프린지 부분은 2개 파팅으로 나누어 레져를 이용해 컨케이브라인으로 커트한 뒤 앞쪽 90°로 들어 커트한다.

17-20~27 : 버티컬 파팅으로 45°각도로 들어 커트한 뒤 세번 이동하여 체크 커트한다. 틴닝으로 질감처리 한다.

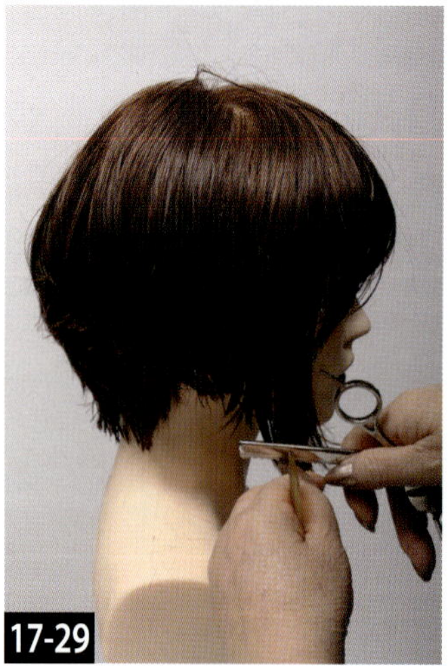

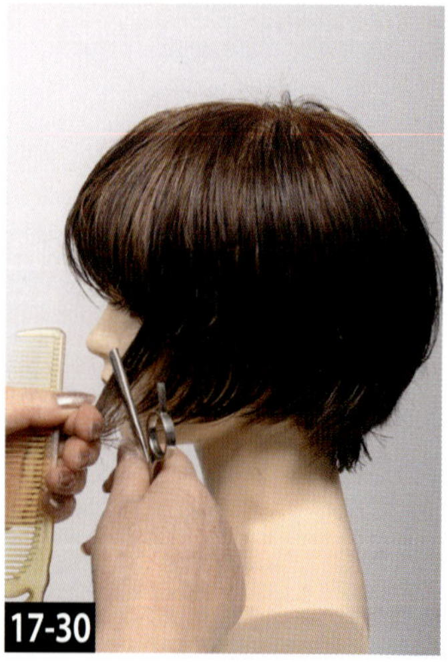

17-31

17-28~31 : 뒷부분과 연결하여 사이드를 정리한다.

17-32

17-33

17-34

17-32~34 : 프론트 센터부분부터 직각으로 들어올려 체크한 뒤 대각파팅을 이용해 직각으로 들어 체크 커트한다.

17-35

17-36

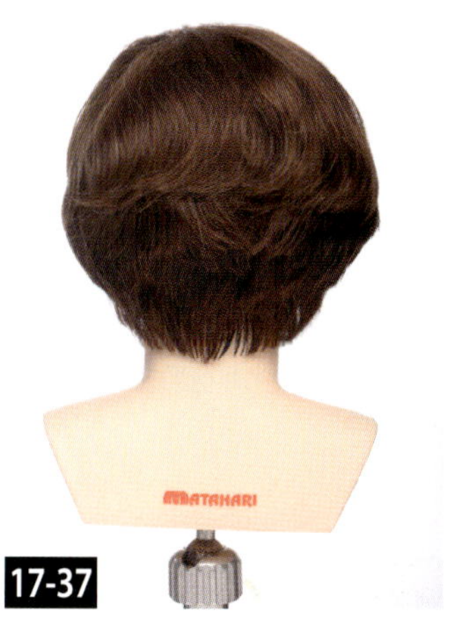
17-37

17-38

17-35~38 : 커트완성사진

17-39

17-40

17-41

17-42

17-39~42 : 수직, 수평와인딩

(18) 후대각 세임 레이어

후대각 파팅(Diagonal Back parting)을 하여 손 위치는 파팅과 평행하게 하고 온베이스으로 커트한다. 페이스 라인(Face Line)의 자연스러운 커트선와 짧은 숏커트 느낌으로 보이쉬한 이미지를 나타낸다.

앞

옆

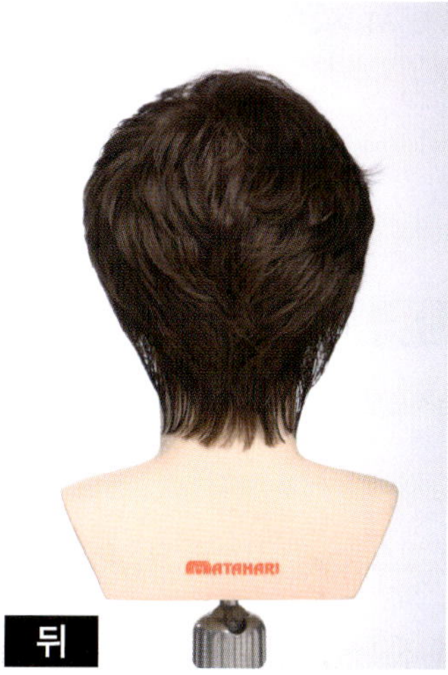

뒤

스타일링

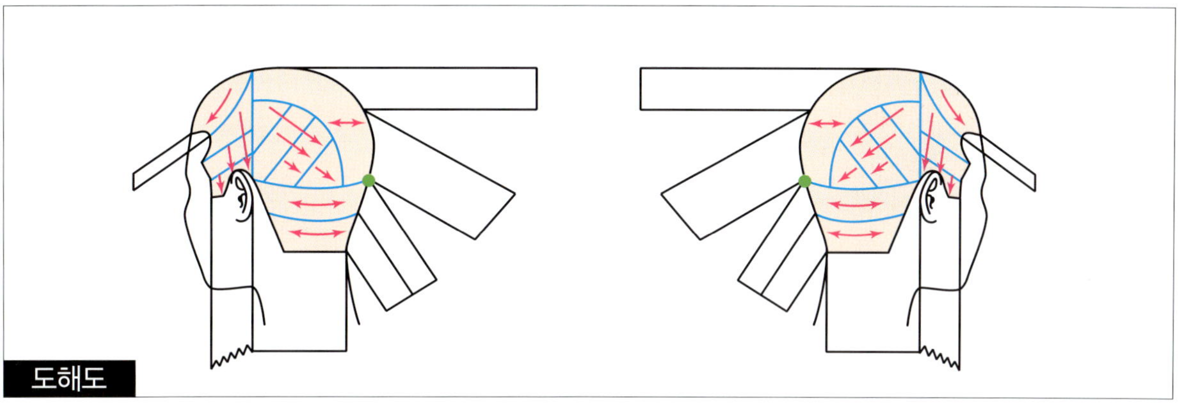
도해도

18-1

18-2

18-3

18-4

18-1~4 : 블로킹 : E-TO-E로 나눈 뒤 프린지 부분은 센터를 중심으로 F.S.P까지 직사각형으로 블로킹한다. 크라운 부분은 삼각섹션을 나눈 뒤 백부분은 센터를 중심으로 후대각으로 나눈다.

18-5

18-6

18-7

18-5~7 : 프린지 부분 중 왼쪽 프린지는 눈썹 산을 가이드로 오른쪽사선으로 레져를 이용하여 커트한다. 오른쪽 프린지도 이어서 오른쪽으로 길어지도록 커트한다.

18-8

18-9

18-10

18-11

18-12

18-8~12 : 양사이드는 앞선과 연결하여 가볍게 커트한다.

18-13

18-14

18-15

18-16

18-17

18-18

18-19

18-20

18-13~19 : 후대각 파팅을 이용해 온베이스로 커트한다.

18-21

18-22

18-23

18-20~23 : 후대각 파팅을 이용해 중간시술각으로 직각으로 빗질하여 밑선을 가이드로 커트한다.

18-24

18-25

18-24~25 : 크라운 부위에 동그란 섹션을 나눈 후 수직으로 들어 가이드를 선정한다.

18-26

18-27

18-28

18-29

18-30

18-31

18-32

18-26~32 : 크라운 부분을 중심으로 방사선 파팅하여 가이드선에 연결하여 커트한다. 모발 전체를 90°로 체크커트한다.

18-33

18-34

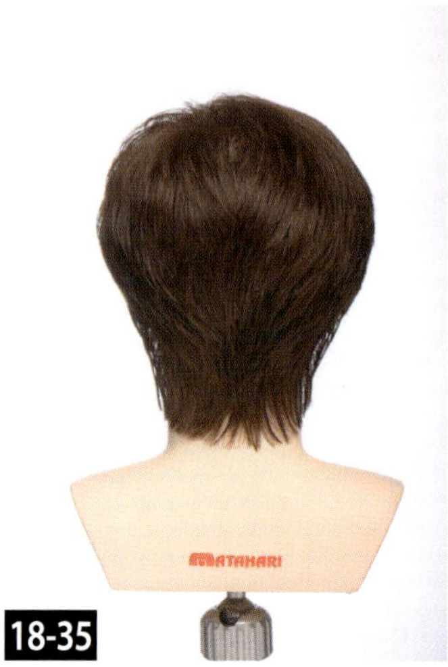

18-35

18-36

18-33~36 : 커트 완성사진

(19) 전대각 미듐 그래쥬에이션

프린지는 비대칭 형태에 네이프 선이 가벼운 그래쥬에이션 커트로 액티브한 이미지를 띄고 있다. 수평 파팅(Horizontal parting), 손 위치는 평행하게 하여 중간 각도로 커트한다.

앞

옆

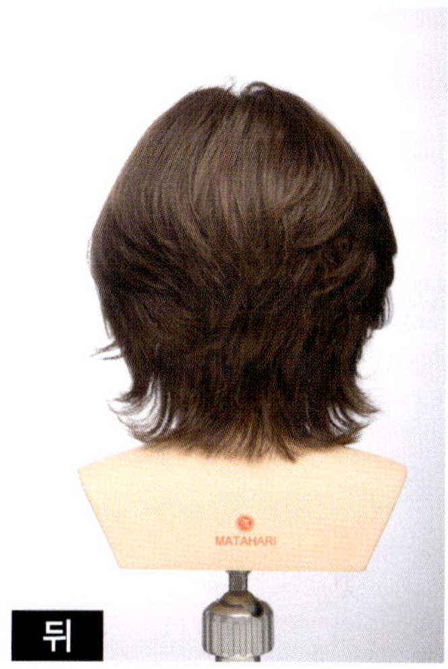
뒤

스타일링

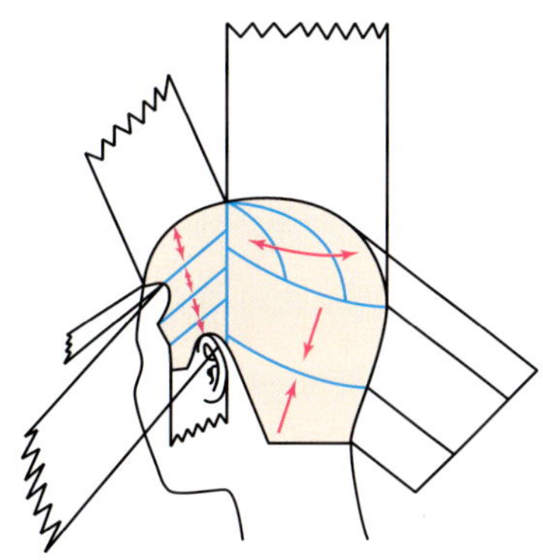
도해도

19-1

19-2

19-3

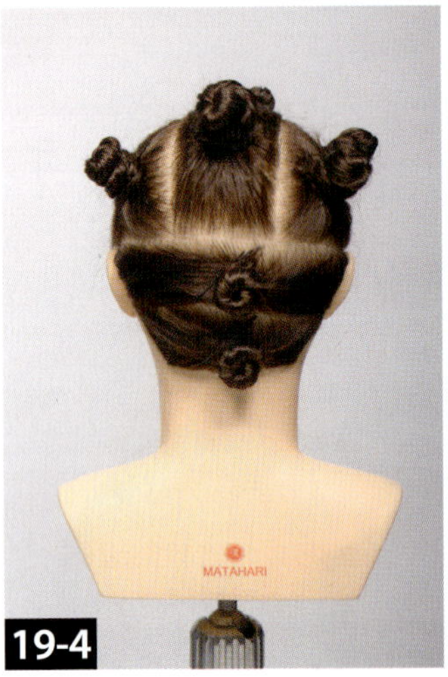

19-4

19-5

19-1~5 : 블로킹 : 프린지 F.S.P ~ T.P ~ F.S.P까지 이며 그 안에서 사선으로 2등분한다. E-TO-E, 크라운(Crown)부분은 3등분하여 나누고, 네이브 부분은 2등분한다.

19-6

19-7

19-8

19-5~7 : 프린지 부분 중 왼쪽 프린지는 눈썹 산을 가이드로 오른쪽사선으로 레져커트 한다. 오른쪽 프린지도 이어서 오른쪽으로 길어지도록 커트한다.

19-9

19-10

19-11

19-6~11 : 프린지는 왼쪽 눈썹을 기준으로 오른쪽으로 갈수록 길어지도록 커트하고 오른쪽 프린지는 왼쪽프린지 보다 길게 가이드를 잡아 자연스럽게 연결한다.

19-12

19-13

19-14

19-12~14 : 양쪽 사이드는 프린지와 연결하여 레저로 슬라이드한다.

19-15

19-16

19-17

19-15~17 : 수평파팅하여 첫단은 0°로 커트한 뒤 온베이스로 들어 끝선을 정리하고 두 번째 파팅은 45°로 들어 커트하여 연결한다.

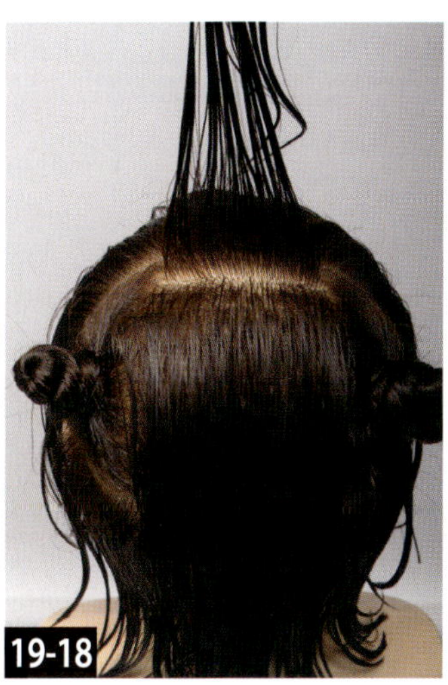
19-18

19-19

19-20

19-18~20 : 크라운 중간 부분은 수평파팅하여 백포인트를 기준점으로 가이드를 선정한다. 이 가이드에 맞추어 직각빗질, 중간시술각으로 커트한다.

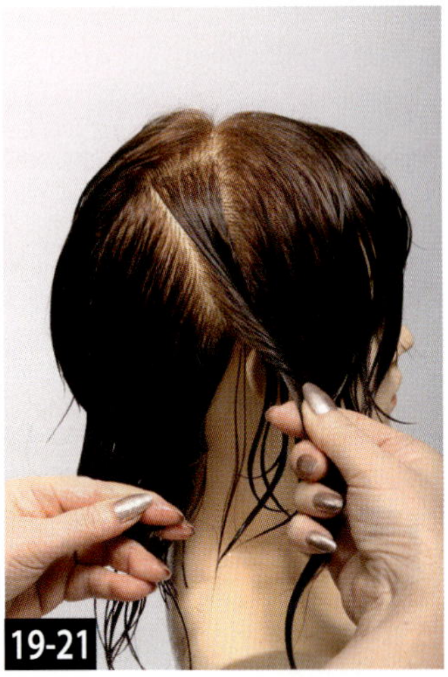
19-21

19-22

19-23

19-24

19-21~24 : 크라운 중간 부분은 수평파팅하여 백포인트를 기준점으로 가이드를 선정한다. 이 가이드에 맞추어 직각 빗질, 중간각도로 커트한다.

19-25

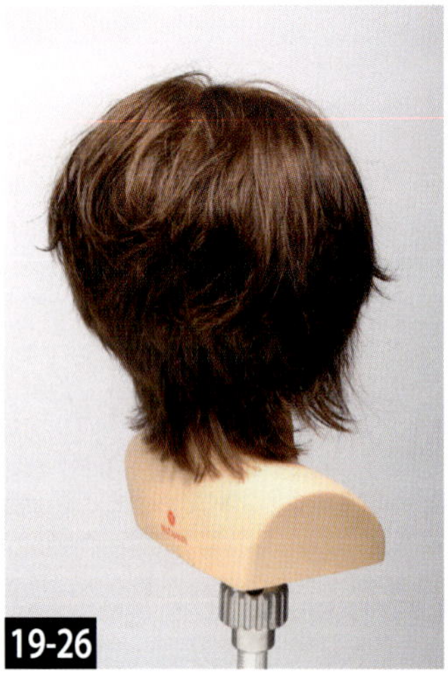
19-26

19-25~26 : 커트사진

(20) 솔리드 + 그래쥬에이션

커트 끝선에 무게감을 주고 낮은 시술각으로 커트하여 보브스타일을 완성하였고 머리 끝부분에 질감처리를 하여 바깥말음으로 머리가 뒤집어질 수 있도록 하였다.

앞

옆(좌)

옆(우)

뒤

스타일링 완성사진

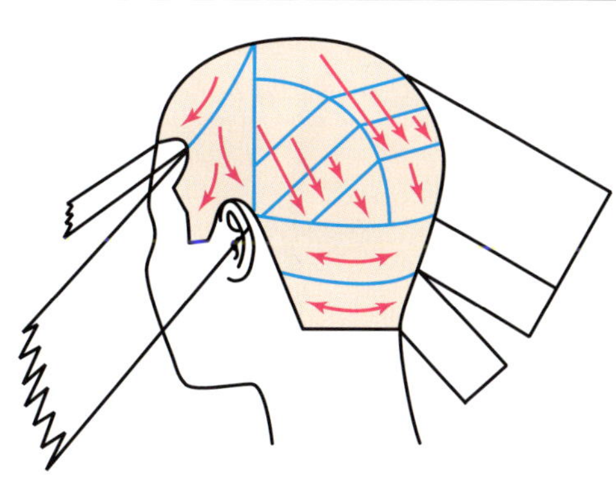
도해도

20-1

20-2

20-3

20-4

20-1~4 : 블로킹 : 프린지(F.S.P~T.P~F.S.P) 사이드(Ear to Ear) 백부분(크라운, 크레스트 부분)

20-5

20-6

20-7

20-8

20-5~8 : 프린지의 중앙 부분은 포인트 기법으로 낮은각도로 수평으로 커트한다. 프린지 양 사이즈 1cm부분은 레져를 이용해 컨케이브 라인을 만들어 시술한다.

20-9

20-10

20-11

20-12

20-9~12 : 밑선을 가이드로 낮은 각도,
손 위치를 평행하게 하여 커트한다.

20-13

20-14

20-15

20-16

20-13~16 : 버티컬 파팅, 45°각도로 손가락 방향은 비평행하게 커트한다.

20-17

20-18

20-19

20-20

20-21

20-17~21 : 양사이드는 수평파팅, 손 위치는 평행하게 하여 첫단은 0° 두 번째 단 이후는 45°로 커트한다. 틴닝을 이용해 질감처리한다.

20-22

20-23

20-24

20-22~24 : 방사선 파팅을 이용해 세번의 중심선을 잡아 이동하면서 체크커트한다.

20-25

20-26

20-27

20-25~27 : 방사선 파팅을 이용해 3번의 이동 디자인 라인으로 체크커트를 한다.

20-28

20-29

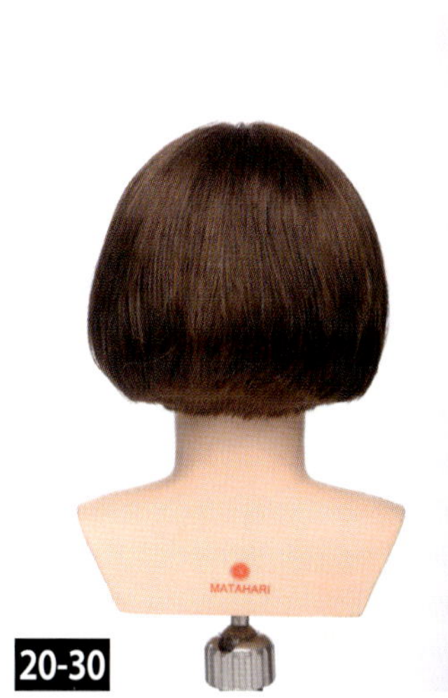
20-30

20-31

20-28~31 : 커트완성사진

(21) 세임 레이어 + 그래쥬에이션

모던하면서 볼륨감있는 비대칭 보브 스타일로 백포인트 부분의 그래쥬에이션의 무게감과 프론트부분의 세임 레이어형의 가벼운 커트선이 연결된 형태이다.

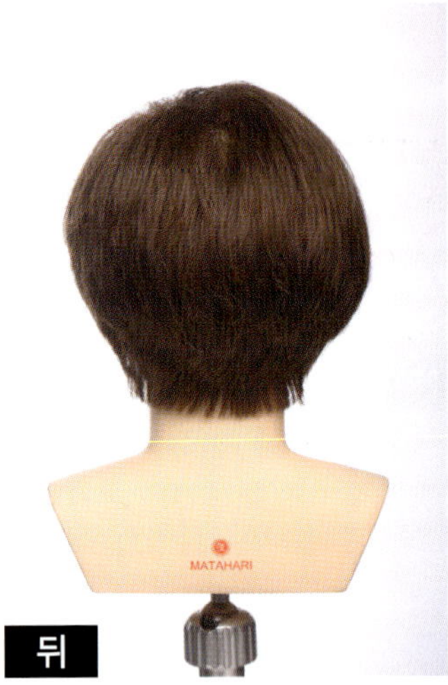

커트 완성사진

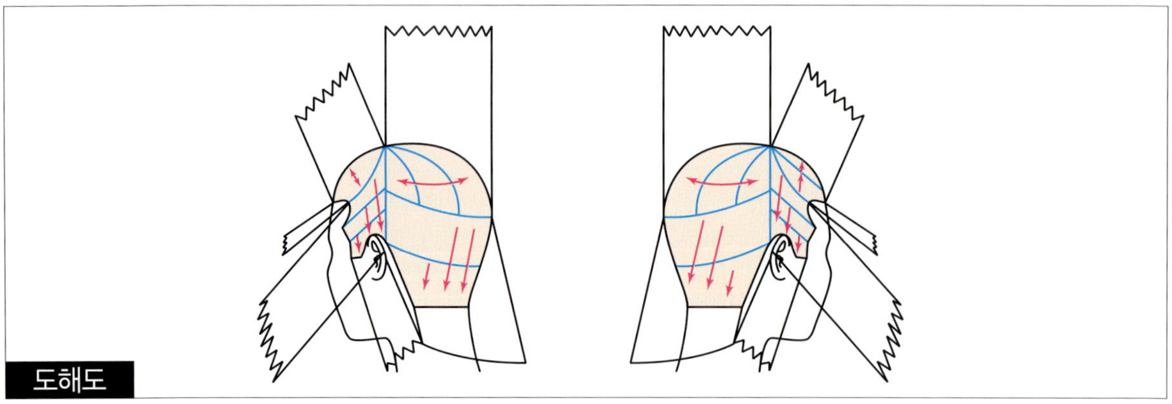

21-1

21-2

21-3

21-4

21-1~4 : 블로킹 : 프린지(F.S.P~T.P~F.S.P)
사이드(Ear to Ear) 백부분(크라운, 크레스트 부분)

21-5

21-6

21-7

21-5~7 : 프린지 부분은 중앙을 중심으로 컨케이브 라인으로 레저를 이용하 커트한다.

21-8~15 : 왼쪽사이드는 전대각파팅, 직각 빗질, 손 위치 평행하게 하여 첫단은 0° 두 번째 이후는 45°로 커트한다. 오른쪽 사이드도 동일한 방법으로 시술하되 오른쪽보다 기장을 길게 커트한다.

21-16

21-17

21-18

21-16~18 : 네이프는 온베이스, 직각빗질, 이동 디자인 라인으로 커트한다.

21-19

21-20

21-21

21-22

21-23

21-19~23 : 크레스트는 직각 빗질, 손 위치는 평행하게 하여 45°로 커트한다. 틴닝을 이용해 질감처리한다.

21-24~27 : 크라운 부분은 방사선 파팅으로 고정한 뒤 손 위치는 비평행하게 하여 커트한다.

21-28 : 프린지 부분은 세번의 중심선을 이동하면서 체크커트한다.

■ 커트 용어

ㄱ

가로섹션(Horizontal section)
평면에 대하여 수평인 섹션. 좌우 밸런스를 맞추기 쉬우며 적은 단차의 무거운 커트선을 만들기 쉽다.

가위(Scissors)
일반적으로 블런트 커트(Blunt cut) 시 많이 사용되는 도구로, 패널을 단번에 커트하여 정돈된 선을 만든다.

가이드 라인(Guide Line)
스타일을 만드는 데 기준이 되는 모발의 길이.

각도(Angle)
두상곡면에서 들어올려지는 층의 정도로서 상 하의 층과 모양을 결정한다. 일반각도와 자연각도로 나뉜다.

강조
사람의 관심을 집중시키는 초점.

고개 위치(Head position)
커트 시 고객 목의 위치. 모발의 분배, 즉 빗질 방향에 영향을 주며 똑바로, 옆으로 숙인자세, 앞으로 숙인자세가 있다.

고정 디자인 라인(Stationary D.L)
모든 모발을 어느 한 점 혹은 하나의 선에 모아서 커트하는 것. Ex) High Layer

교대
두 개 또는 그 이상의 요소들이 반복적으로 나타나는 패턴

구조그래픽
두개골의 곡선에 따른 모발의 길이배열을 구조적으로 그래픽화 시킨 것.

균형(밸런스)
시각적으로 평형을 이루는 것. 대칭균형과 비대칭 균형이 있다.

그래쥬에이션(Graduation)
아래의 모발이 짧고 위의 모발이 길게 커트되어 작은 단차가 생기며, 볼륨감과 무게감을 형성한다. 시술 각도의 정도에 따라 로우(Low), 미디움(Medium), 하이(High) 로 나뉜다.

기본관찰
1차적 관찰로서 단순한 시각적 관찰. 즉, 디자인의 전체적 외형의 윤곽, 실루엣을 관찰하는 단계. ex) 디자인의 윤곽(머리형)을 살피는 것

ㄴ

네이프 존(Nape Zone)
E.B.P~B.P 까지의 지점을 연결한 영역. 길이, 언더라인, 모발의 두께, 무게감을 형성한다.

네이프(Nape)
목덜미

네이프라인(Nape Line)
E.B.P에서 N.P에 이르기까지의 부위

노멀 테이퍼링(Normal tapering)
모다발의 1/2지점에서 모량(숱)을 감소하는 질감 기법

ㄷ

다운 베이스(Down base)
베이스의 패널 아래쪽으로 당겨 잡는 것으로 수평 파팅이나 사선 파팅에서 아래로 내려 윗 길이를 증가시킬 때 사용한다.

다중 디자인 라인(Multiple D.L)
High Layer 커트 시 둘 이상의 디자인 라인을 사용하는 것. 엑스테리어 부분의 길이가 충분하지 않을 때, 또다른 새로운 디자인 라인을 만들어 사용한다.

단차
모발이 거듭 포개져 생긴 위와 아래의 차이. 층.

대조
서로 상반되는 요소들이 인접해 있는 것을 말하며, 상반되는 요소들이 다양한 디자인을 만들어 낸다.

디렉션(Direction)
방향

디자인 원리
디자인 원리를 디자인 법칙이라고도 하며 반복, 교대, 대조, 강조, 진행, 조화, 비조화가 있다.

ㄹ

라인 틴닝(Line thinning)
커트 형태선에서 질감을 정리하는 방법으로 가위의 자국을 최소화하거나 손질이 쉽도록 방향성을 만드는 질감 기법

라인,선(Line)
직선 또는 곡선의 연속된 점들이 모여 선이된다. 1차원.

레져 로테이션(Razor Rotation)
레져 회전 기법으로 주로 네이프 부분에 사용하며, 레저와 빗이 원형을 그리면서 회전하여 모발에 대한 무게를 제거시켜 부피감을 줄이고 커트 선의 연결감을 더해주는 기법.

레져 아킹(Razor arcing)
레져를 모발의 안쪽에서 모발을 들어 올리면서 홀을 그리듯이 커트하는 기법. 들어올리는 각도에 따라 층이 달라진다.

레져 에칭(Razor eating)
모발과 레져가 예각(약 45° 정도)으로 쳐내듯이 커트하는 기법

레져 필링(Razor pilling)
모발 다발에 레져를 90° 각도로 넣어 뜯듯이 커트하는 기법

레져(Razor)
모발길이의 중간 부분에 수직으로 긁어내듯이 질감 처리하여 가볍고 부드러운 스타일을 만들 때 사용되는 도구

로우 그래쥬에이션(Low Graduation)
낮은 시술각으로 1~30° 이하의 낮은 경사선과 무게선이 생기는 커트

루트 틴닝(Roots thinning)
모근부분의 모량 조절과 버릇머리가 있는 곳의 강한 모류를 교정하기 위한 질감 기법

ㅁ

머릿결(질감)
촉각과 시각으로 느낄 수 있는 표면의 질, 매끄럽고 거친 정도의 느낌. 엑티베이트, 언엑티베이트가 있다.

면(형)
선이 모여 만들어낸 평평한 표면(삼각형, 사각형, 원 등)

모던(Modern)
간결하고 도시적인 현대적 이미지

모량
모발의 밀도. 머리 숱의 정도

모류
모발의 방향

모질
모발의 질감

무게
특정한 부분에 모발이 모이는 것

미듐 그래쥬에이션(Medium Graduation)
중간 시술각으로 31~60° 이하의 중간 경사선으로 무게선이 생기는 커트

ㅂ

반복
모든 단위가 동일한 패턴.

방사선 섹션(Radial section)
피봇섹션이라고도 하며, 탑을 중심으로 두상의 곡면을 따라 나눈 섹션.

방향(Drection)
선의 진로 (상,하,좌,우)

방향빗질(Directional Distribution)
파팅과 상관없이 한 방향으로 끌어당겨 면을 맞춘다. 위로 똑바로, 뒤로 똑바로, 앞으로 똑바로, 밖으로 똑바로가 있다.

방향성
방향이 나타내는 특성.

백 존(Back Zone)
G.P~B.P 사이의 영역. 무게감(Weight), 흐름 컨트롤

베벨언더(Bevel under)
레져를 이용하여 모발 안쪽에 경사를 주는 질감 기법

베벨업(Bevel up)
레져를 이용하여 모발 바깥쪽에 경사를 주는 질감 기법

베이스(Base)
파팅과 파팅 사이의 모다발

베이직(Basic)
기초. 기본

변형빗질(Shifted direction)
내 임의로 정해서 빗는 빗질. 자연 빗질, 직각빗질 외의 모든 빗질

불규칙라인
규칙에서 벗어나 있거나 규칙이 없는 라인.

블런트 커트(blunt cut)
직선으로 커트 하는 방법. 커트라인이 강하고 정교하게 잘려진 형태로 깨끗한 라인을 만들 때 사용.

블로킹(blocking)
커트하기 좋게 섹션을 계획하고 두상을 크게 나누는 것

블록커트
모량이 적은 사람 혹은 빠른 시간 내 커트를 끝내고자 할 때 많은 양의 모발을 한꺼번에 자르는 방법

비조화
단위들 간의 극적인 대조의 배치

비평행 손 자세
파팅과 평행하지 않은 손 자세.

ㅅ

사선 섹션(Diagonal section)
평면에 대하여 사선인 섹션. 그래쥬에이션 스타일에 주로 사용되며 부드러운 볼륨감을 형성한다.

사이드 베이스(Side base)
베이스의 한쪽면으로 접점이 형성되는 것이며 한 쪽 길이를 길어지게 만들 때 사용한다.

사이드 존(Side Zone)
F.S.P~E.B.P 사이의 영역. 측면 실루엣, 흐름 컨트롤, 방향(A라인/U라인)을 형성

색상(Color)
시각적인 착시효과로 인해 팽창과 수축, 생동감을 나타내는 것으로 방향, 깊이감, 부피감 등에 영향을 미치며 수치화(1~10Lv) 할 수 있다.

선
점과 점이 연속되어 이루어지는 조형요소

세로 섹션(Vertical section)
평면에 대하여 수직인 섹션. 가벼운 단차를 내기 쉬우며 주로 세임 레이어 커트 시 사용

세부관찰
신체적 특징과 구체적 특징의 비교 관찰

세임 레이어(Same Layer)
일반 각도(두상각도) 90° 의 커트. 전체적으로 두상의 곡면으로부터 동일한 길이의 커트. 거친 질감을 표현하며 무게감을 나타내지 않는 액티베이트한 질감의 커트

섹션(Section)
커트를 좀 더 쉽고 편리하게 하기 위해 작게 나누는 방법. 섹션에는 Horizontal(가로)섹션, Vertical(세로)섹션, Diagonal(사선)섹션, Radial(방사선)섹션이 있다.

센터 파트(Center Part)
정중선이라고도 하며 C.P에서 N.P에 이르기까지의 선

손 위치
파팅(두상)에 대한 손 위치(평행, 비평행)

수평라인(Parallel)
직선형의 스타일을 만들고자 할 때 이용된다. 강하고 분명한 이미지이다. 일자라인이라 불리기도 한다.

스트록 가위(Stroke scissors)
가위 양날이 스트레이트 형이 아닌 콘벡스 형으로 곡선의 양 만큼 가위가 미끄러지면서 커트되는 가위

스트록 커트(Stroke cut)
커트라인의 깔끔한 직선 부분을 만들지 않고 깃털처럼 가볍게(일명 샤기컷) 질감을 표현할 때 가위나 레저를 이용하여 커트하는 방법

스파니엘(Spaniel)
백(back)센터에서 얼굴 방향으로 길어지는(전대각) 스타일을 만들고자 할 때 이용하며 A라인이라 부르기도 한다.

슬라이싱 가위(Slicing scissors)
슬라이싱 커트(slicing cut)를 위한 가위로 C커브 모양으로 외곡선이 된 가위

슬라이싱(Slicing)
모다발에 가위를 개폐했다 오므렸다 하면서 미끄러지듯이 커트하는 질감 기법

ㅇ

앞머리(Fringe/Front)
얼굴의 앞쪽으로 흐르는 모발

양적분석
디자인의 크기, 비율, 부피 등의 분석

얼굴형
얼굴의 형태.

업 베이스(Up base)
베이스의 패널 위쪽으로 당겨 잡는 것. 수평 파팅이나 사선 파팅에서 위로 들어 아래 길이를 증가시킬 때 사용한다.

엑스테리어(Exterior)
두상의 가장 넓은 부분인 크레스트를 중심으로 아랫 부분

엔드 테이퍼링(end tapering)
모발 다발의 1/3 지점에서 숱량을 감소하는 질감 기법

엘레강스(Elegance)
고급스럽게 우아한 이미지

엘리베이션(Elevation)
각도, 들어올리기

역곡선
움직임이 반대되는 두 개의 곡선이 연결된 선. 즉, 컨케이브와 컨벡스가 한 형태에서 이루어진 것.

오프 더 베이스(Off the base)
베이스에서 벗어난 상태로서 길이의 기준에 따라 많이 증가 또는 감소시킬 때 사용한다.

온 더 베이스(On the base)
폭의 중앙에 접점이 형성되는 것이며 좌우 길이를 동일하게 같은 길이로 커트할 때 사용한다.

원랭스(One length, Solid)
모발을 중력 방향으로 빗질하여 단차 없이 동일한 하나의 선과 형태이다. 네이프에서 탑으로 갈수록 모발의 길이가 점점 길어진다. 층이 전혀 없는 스타일로 매끄러운 질감이 형성되며 단정한 이미지, 무거운 이미지, 차가운 이미지이다.

이너 틴닝(Thinning)
골격이 납작하거나 튀어나온 곳을 보정하기 위한 커트 방법

이동 디자인 라인(Mobile D.L)
커트된 모발의 일부분을 다음 커트할 섹션의 길이 디자인으로 사용하는 것. Ex) 세임레이어, 그래쥬에이션

이사도라(Convex)
얼굴에서 백(back)으로 방향이 길어지는 후대각 스타일. U라인이라고도 한다.

이어 투 이어 파트(Ear to Ear Part)
측중선이라고도 하며 E.P에서 T.P를 지나 반대편 E.P까지 이르는 선

인테리어(Interior)
두상의 가장 넓은 부분인 크레스트를 중심으로 한 윗 부분

일반각도
두상에 의한 각도, 모발을 두상의 곡면에서 90° 로 들어올린 상태로서 디자인의 길이 배열을 분석할 수 있다.

ㅈ

자연각도(Natural Fall)
중력에 의한 각도(천체축을 중심), 중력에 의해 모발이 자연스럽게 늘어뜨려지는 상태. 원랭스, 그래쥬에이션 커트에 사용

자연빗질(Natural direction)
어떤 파팅과도 상관없이 중력의 방향으로 0도로 빗질

전대각
앞쪽이 길어지는 모양. 모발이 얼굴면을 향해 흐르는 대각선

조화
비슷한 단위들의 어울리는 혼합

직각빗질(Perpendicular Direction)
수직빗질, 파팅선에서 직각의 빗질

직선
천체축에 의한 4가지 기본 직선(수평선, 수직선, 우대각선, 좌대각선)

진행
점진적으로 차차 커지거나 작아지는 변화의 패턴

질감
시각적 혹은 촉각적인 표면의 느낌.

질적분석
물질의 성질, 특성 등을 관찰, 분석

ㅊ

천체축
직선, 곡선, 각도, 방향을 나타내는 기호

ㅋ

컨벡스(Convex)
U자형 볼록곡선, 구의 바깥(exterior)처럼 바깥쪽으로 휘어진 형상.

컨케이브(Concave)
A자형, 오목곡선, 두상(bone structure)의 둥근 형태와는 역으로 아치 상태로 되어 있는 라인.

콤 커트(Com cut)
최소한의 텐션으로 커트하고자 할 때 빗살로 모발을 고정하여 커트하는 방식

큐티(cutie)
귀여운 이미지

크기
사물의 넓이, 부피, 양 따위의 큰 정도.

크라운 존(Crown Zone)
C.T.M.P~G.B.N.P 사이의 영역. 볼륨, 입체감을 형성"

크레스트(Crest)
두상의 가장 넓은 부분

크로스 체크(Cross check)
서로 교차하여 길이를 체크하는 방법(가로커트는 세로체크, 세로커트는 가로체크)

ㅌ

테이퍼링(tapering)
끝을 점점 가늘게 하는 기법으로 주로 양감을 조절하여 형(形)을 정리하는 질감 처리 기법. 모다발의 지점에 따른(엔드, 노멀, 딥) 테이퍼링과 볼륨과 생동감에 따른(컨투어, 익스텐션, 폼라인) 테이퍼링으로 나뉜다.

테크닉(Technic)
훌륭하게 해내는 기술이나 능력

텍스춰라이징(Texturizing)
커트 라인 작업이 끝난 후 모발의 방향성, 디자인의 생동감 또는 확장감을 더해주기 위해 커트 라인의 가장자리나 형태 내의 모발에 질감을 만들어 주는 것

텐션(Tension)
팽팽함, 당김 정도

트위스트베이스(Twist base)
베이스를 잡고 비튼것으로 차이가 많은 서로 다른 길이를 연결할 때 사용한다.

틴닝(Thinning)
끝을 자르거나 머리 숱이 많은 곳을 쳐내는 기법

틴닝가위(thinning scissors)
한쪽날은 곧고 한쪽날은 톱니모양으로 모발 끝을 불규칙하게 만들기 위해 사용되는 도구, 라인 커트가 끝난 후 모량을 조절하고자 할 때 사용

ㅍ

페이스라인(Face Line)
얼굴 주변의 모발이 나기 시작한 부위

평행 손 자세
파팅과 평행한 손 자세.

포인트커트(Point cut)
패널에 대해서 비스듬한 각도로 커트하는 기법이며, 모발 끝의 모량을 감소시키고 아웃라인을 부드럽게 만든다.

포인팅(Pointing)
가위 끝이 손가락에서 모발 끝을 향하게 하면서 커트를 하는 것

프리베이스(Free base)
온 더 베이스와 사이드 베이스 사이에 있는 베이스이며, 미세한 길이 증가 또는 감소시킬 때 사용한다.

프리티(pretty)
매력적인, 예쁜 이미지

프린지 존(Fringe/Front Zone)
T.P~F.S.P 사이의 영역. 앞머리(bang), 인상, 이미지 컨트롤

ㅎ

하관
광대뼈를 중심으로 얼굴의 아래쪽 턱 부분.

하이 그래쥬에이션(High Graduation)
높은 시술각으로 61~89° 이하의 높은 경사선과 무게선이 생기는 커트

하이레이어(High Layer)
일반 각도 90° 이상의 커트. 위에서 아래로 갈수록 모발이 길어지며 단차가 많이 생기는 커트. 거친 질감을 표현하며 움직임의 표현이 많은 자유로운 이미지

햄라인(Hem Line)
두상에서 모발이 나기 시작하는 전체 부위

헤어 커트(Hair cut)
모발 길이 변화의 결과물. 즉, 상하의 층, 좌우의 베이스의 변화를 포함한 길이 변화의 결과물이다.

헤어디자인(Hair design)
가장 아름다운 헤어스타일을 창출하기 위한 디자인적 구성계획. 디자인 요소(형태, 질감, 컬러)와 디자인 원리(법칙)를 적절히 위치하고 배열하여 고객에게 가장 조화롭고 아름다운 헤어스타일을 완성하는 것.

헤어스타일(Hair style)
머리카락의 모양을 낸 형(型). 머리 모양.

형, 모양(shape)
외형적인 실루엣이나 윤곽을 나타내는 모양, 가로, 세로, 높이를 포함하는 물체를 입체적(3차원)으로 표현한 것.

형태
면이 겹쳐 3차원 입체(3D)를 나타냄

형태선
바깥 경계 또는 윤곽, 커트의 형태선을 사용하느냐에 따라 부각되고 강조가 될 수 있다.

혼합형
둘 이상이 모여 하나로 이루어진 형.

혼합형 커트
4가지 기본형(원랭스, 그래쥬에이션, 하이 레이어, 세임 레이어)을 2가지 이상 혼합한 커트

후대각
뒷쪽이 길어지는 모양. 모발이 백으로 향해 흐르는 대각선

BASIC CUT PRO |베이직 컷 프로|

초　판 인쇄 | 2015년 4월 10일
초　판 발행 | 2015년 4월 17일
개정1판 발행 | 2017년 9월 8일

지은이 | 이재숙, 우선제, 김용순, 전소리, 문소희
발행인 | 조규백
발행처 | 도서출판 구민사
(07299) 서울특별시 영등포구 당산로2길 12, 1004호

전화 | 02.701.7421~2
팩스 | 02.3273.9642
홈페이지 | www.kuhminsa.co.kr

등록 | 제14-29호 (1980년 2월 4일)
ISBN | 979-11-5813-467-9 (93590)

값 32,000원